电力施工人身事故
预防与救援

DIANLI SHIGONG RENSHEN SHIGU
YUFANG YU JIUYUAN

胡博扬　主编

中国计划出版社
北　京

图书在版编目（CIP）数据

电力施工人身事故预防与救援 / 胡博扬主编. -- 北京：中国计划出版社，2022.9
ISBN 978-7-5182-1462-4

Ⅰ. ①电… Ⅱ. ①胡… Ⅲ. ①电力工程－工程施工－安全事故－事故预防②电力工程－工程施工－安全事故－救援 Ⅳ. ①TM08

中国版本图书馆CIP数据核字(2022)第094040号

责任编辑：沈　建　陈　杰　　封面设计：韩可斌
责任校对：王　巍　　责任印制：李　晨　王亚军

中国计划出版社出版发行
网址：www.jhpress.com
地址：北京市西城区木樨地北里甲11号国宏大厦C座3层
邮政编码：100038　电话：（010）63906433（发行部）
北京市科星印刷有限责任公司印刷

787mm×1092mm　1/16　21印张　216千字
2022年9月第1版　2022年9月第1次印刷

定价：76.00元

编审委员会名单

前　言

党的十八大以来，党和国家高度重视安全生产，把安全生产作为民生大事，纳入全面建成小康社会的重要内容之中。2022年1月12日，国家能源局在京召开2022年全国电力安全生产电视电话会议，会议强调，2022年是党的二十大召开之年，是“十四五”规划实施的关键之年，做好今年的电力安全生产工作意义重大。

电力行业作为国民经济的基础性支柱产业，安全生产历来是其工作的重中之重。尤其是施工现场的安全问题，更是安全生产的关键点。现代电力工程建设过程中，往往具有项目庞大、细节烦琐、周期较长等特点，每一个环节都可能存在安全隐患，都可能发生严重的人身伤亡事故。所以，电力施工过程中必须进行专业性的安全监管，其中包含的知识技能繁多，并且需要高效的协调配合，才能保障安全管理工作贯穿于电力工程的建设始终。

《电力施工人身事故预防与救援》的编写，即针对电力施工人身事故多发这一现实情况，结合各类事故的不同特点和状况制订出科学完善的安全制度，根据电力施工的具体工作环境制订出操作性强、实效性高的工作安全守则，针对人身事故伤害的各种类型和情况，教授专业的急救技能，以达到对施工人员和安全管理人员进行安全教育、强化安全防范意识、提高防范和应对安全事故能力的目的。

《电力施工人身事故预防与救援》分为四章。第一章“概述”，总结了电力安全事故的主要类型和发生原因；第二章“电力施工安全管理和作业要求”，规范了电力施工的综合安全管理和通用作业要求；第三章“电力施工人身事故应急急救技能”，总结了电力施工人身事故的主要伤害类型，进而针对不同情况的人身事故伤害类型，教授了专业的急救技能；第四章“电力施工人身事故应急管理方法”，制订了电力施工人身事故的预防措施和应急救援系统方案。

由于时间仓促，加之水平所限，《电力施工人身事故预防与救援》的编写工作难免存在疏漏及不当之处。在此，请各位读者和专家学者不吝指正，使本书内容不断完善。我们也将再接再厉，为我国电力行业的安全生产工作尽绵薄之力。

目　　录

第一章　概述

电力工业是国民经济重要的基础工业，是国民经济发展战略中的重点和先行产业。电力工业的发展是社会进步、综合国力增强和人民物质文化生活现代化的需要。

电力安全关系到人身安危，关系到国家财产，也关系到电力行业自身的稳定和发展，更加关系到国民经济发展和人民群众的根本利益。因此确保电力安全，任何时候都是电力行业工作的重中之重。

电力施工是电力行业工作中的重要组成部分，也是最容易出现人身事故的领域。作为电力施工的主要力量，安全管理人员和施工人员直接面对工作中的种种潜在或明显的危险。所以在电力施工安全管理中，管理效果直接体现在通过安全教育来增强其安全防范意识，让其掌握专业知识、技能等方面。

电力施工企业应结合自身的发展特点和状况，制订出科学完善的安全制度；根据电力施工的具体工作环境制订出操作性强、实效性高的工作安全守则，并且落实到每一位安全管理人员和施工人员身上。同时，应定期对安全管理人员和施工人员进行安全教育，以强化其安全防范意识，提高其防范和应对安全事故的能力。

第一节　电力施工安全的重要性

电力施工安全关系到施工人员的人身安危，必须予以高度重视。从劳动环境特点来看，电力施工、电气设备与高温高压设备多、高速旋转机械多、易燃易爆物品多、特种作业多，这几"多"潜伏着许多危险，对施工人员构成潜在或明显的威胁。因此，电力施工过程中安全工作不容疏忽，否则这些危险随时会转变为安全事故。

在多年的实践中，电力法律法规经过不断完善，以其规范作用成为促进电力行业健康稳定发展的基础和保障。

（一）国家法律

（1）《中华人民共和国电力法》（1995年12月28日第八届全国人民代表大会常务委员会第十七次会议通过，根据2009年8月27日第十一届全国人民代表大会常务委员会第十次会议《关于修改部分法律的决定》第一次修正，根据2015年4月24日第十二届全国人民代表大会常务委员会第十四次会议《关于修改〈中华人民共和国电力法〉等六部法律的决定》第二次修正，根据2018年12月29日第十三届全国人民代表大会常务委员会第七次会议《关于修改〈中华人民共和国电力法〉等四部法律的决定》第三次修正)。

(2)《中华人民共和国安全生产法》(2002年6月29日第九届全国人民代表大会常务委员会第二十八次会议通过，根据2009年8月27日第十一届全国人民代表大会常务委员会第十次会议《关于修改部分法律的决定》第一次修正，根据2014年8月31日第十二届全国人民代表大会常务委员会第十次会议《关于修改〈中华人民共和国安全生产法〉的决定》第二次修正，根据2021年6月10日第十三届全国人民代表大会常务委员会第二十九次会议《关于修改〈中华人民共和国安全生产法〉的决定》第三次修正)。

(二)行政法规

(1)《电力安全事故应急处置和调查处理条例》(2011年7月7日国务院令第599号公布)。

(2)《电力安全事故调查程序规定》(2012年6月13日国家电力监管委员会令第31号公布)。

(3)《中央企业应急管理暂行办法》(2013年2月28日国务院国有资产监督管理委员会令第31号公布)。

(4)《电力安全生产监督管理办法》(2015年2月17日国家发展和改革委员会令第21号发布)。

(5)《电力建设工程施工安全监督管理办法》(2015年8月18日国家发展和改革委员会令第28号公布)。

(6)《国家大面积停电事件应急预案》(2015年11月13日国

办函〔2015〕134号）。

（三）规范性文件

（1）《电力安全隐患监督管理暂行规定》（电监安全〔2013〕5号）。

（2）《电网安全风险管控办法（试行）》（国能安全〔2014〕123号）。

（3）《电力行业网络与信息安全管理办法》（国能安全〔2014〕317号）。

（4）《电力企业应急预案管理办法》（国能安全〔2014〕508号）。

第二节　电力安全教育

电力安全教育包括安全意识教育、安全知识教育、安全技能教育。安全意识教育让人树立并重视安全意识；安全知识教育让人了解防范和处理危险的知识；安全技能教育让人掌握防范和处理危险的技能。三者逐级递升，共同组成安全教育的作用体系。

1.电力安全教育是电力施工企业实现安全管理和安全施工的保障

电力施工企业应以人为本，重视安全教育，保障员工生命安全。这也可以促进企业盈利，因为电力安全事故的费用在企业经费中占据重要比例（一般占到企业经费支出的10%）。所以加强对员工的安全教育，可使企业省下安全事故支出，无形中赢得更多利润。

2.电力安全教育是电力施工企业人员增强安全防范意识、掌握安全防范技能的必有程序

对他们来说，工作环境中时刻面临着各种危险，只有接受科学而详尽的安全教育，才是他们掌握各种安全知识、避免职业危害的主要途径，这对保证自身的安全健康有着非常积极的作用。

3.电力安全教育是电力施工企业和人员积累经验，不断进步的重要手段

电力安全教育虽然积累了丰富的数据和资料，总结出实用的知识和技能，但是随着电力行业的发展，生产方式和施工环境不断变化，安全教育的方式和内容仍然需要不断更新。因此每一次电力安全教育都是吸取新的数据和现实案例，不断更新的过程。这个过程可以为我国的电力安全教育事业不断探寻新的思路，为电力教育事业的进一步发展提供源源不断的养料。

第三节　电力安全应急救援

灾难管理学范畴将灾难定义为一种供求关系，形成灾难的唯

一标准是灾难发生地区的资源满足不了需求，所以救灾的本质就是通过资源的调度和科学运用让灾难发生地区的资源满足需求，从而达到消除灾难的目的。

1.救灾早期核心工作：对生命的支持

救灾早期的核心工作是拯救生命，即生命支持。人的生命高于一切，救灾首先是救人。家园毁灭，可以再建；财产损失，可以弥补；但是人的生命只有一次，没有了，就是永远的消失，所以救灾工作应坚持以人为本，这也是体现社会文明进步的重要标志。在现实中，要求救灾工作中把救人放在第一位，把抢救生命作为首要任务，科学施救，最大限度减少受灾群众伤亡，切实防范次生灾害，妥善做好受灾群众安置工作，维护灾区社会稳定。

为了保证救灾早期工作的有效实施，灾难管理人员应在灾前制订提高应急响应人员的专业技术水平和灾难响应能力以及人民群众应灾能力的计划，从而减少灾难带来的直接和间接损伤。

2.救灾中期核心工作：对资源的调度

救灾中期的核心工作是调动尽可能多的资源，满足地方救灾工作的需求。救灾资源主要包括三个方面：一是救灾的人力资源，二是救灾的物资资源，三是救灾所需的临时调用资源。

在我国，救灾的人力资源主要是解放军、武警部队、民兵预备役部队、应急响应人员以及当地的其他团体等。救灾的物资资源主要是解决灾区内人员生存及生活所需的物资，如食物、饮用水、衣物、药品、帐篷等。救灾时要以最快的速度解决灾区短期内灾民的衣食住行问题，对于缺口问题，要在申请援助时明确地提出需要捐助的项目和数量。救灾所需的临时调用资源是指使救灾的人力资源和物资资源能够及时有效地投入救灾工作的资源或工具，主要包括征用的通信工具、运输工具及能源保障工具等。

保证救灾资源充足、完备并不一定完全通过储备物资来解决。大量储备物资的占地、管理、维护等成本太大，对未来的灾害又很难做到完全适应。所以一定要建立适当储备和有效采购程序相结合的救灾资源调度方案。

3.重建期核心工作：对地区的重建

重建期的核心工作是对受灾地区的重建。重建是使灾区回归“正常运作”状态，且接近灾前状态，过程通常缓慢而持久。

灾区重建是有效灾难响应的最终目标，灾难发生之前就应进行规划，而非等到事件发生之后。恢复重建的初期主要工作是快速重建与受灾群众生活相关的设施、场地，而后逐渐延伸到其他方面。重建计划包括提供临时庇护所、提供精神卫生服务以及电力与水力的供应、交通重建、经济重建等内容。

切实有效的重建工作可加强重建区域的抗灾性。重建过程中，可以通过增加保障性住房、优化交通、优化公共设施等措施解决之前存在的问题。此外，重建工作中得到的经验教训也可帮助完善应急响应机制，减少未来灾难可能造成的损害。

第四节 电力安全事故类型及发生原因

电力安全事故是指电力生产或者电网运行过程中发生的影响电力系统安全稳定运行或者影响电力正常供应的事故。

一、电力安全事故主要类型

电力安全事故主要分为人身事故、设备事故、电网事故、信息系统事故。

二、电力安全事故主要发生原因

1.电力安全事故易发原因

电力安全事故易发原因如下：①不安全行为：操作错误，安全装置失效，使用不安全设备，物体存放不当，冒险作业，防护用品使用不当等；②不安全状态：防护装置、用品缺少或缺陷，设备工具附件缺陷，设备不正常运行，绝缘强度不够，维护调整不当，场地环境不良等；③不安全因素：恶劣气候与环境，作业场所空气不良，温度、湿度、气压不适，光照不良，作业场所不规整，应急逃生设施有缺陷，强迫体位，交叉作业等；④管理失效：安全组织机构不健全，安全责任制不落实，操作规程不规范，事故应急预案及响应缺陷，培训制度不完善、不落实，安全投入不足，职业健康管理不完善，作业组织不合理，对现场缺乏检查指导，管理的其他失效因素。

2.电力安全事故类别划分

电力安全事故可分为：触电，高处坠落，倒杆塔，物体打击，机械伤害，起重伤害，车辆伤害，淹溺，灼烫伤，火灾，坍塌，透水，冒顶片帮，放炮，火药爆炸，容器爆炸，锅炉爆炸，瓦斯爆炸，其他爆炸，中毒和窒息，中暑，动物伤害，交通事故，其他伤害。

3.电力安全事故致伤情况

电力安全事故主要致伤情况有：皮肉破伤，挫伤、扭伤，撕脱伤，骨折，内脏损伤，冻伤，中暑，中毒，灼烫伤，截肢，截瘫，功能障碍，植物人，辐射损伤，生物致伤，神经类伤害，失踪，其他。

三、电力安全事故应急救援准则

所有电力安全管理人员和施工人员都应该时刻记住以下电力安全事故应急救援准则：保己救人，科学施救。

第二章　电力施工安全管理和作业要求

电力施工的安全问题是电力施工单位关注的重中之重，安全管理工作的效果与企业安全管理人员和现场施工人员息息相关。这些人是否具备专业的电力安全知识和技能，是否严格按照电力施工安全管理规范进行操作，决定着安全事故的发生率。

这就要求电力施工单位根据各种实际工作环境，制订具备科学性、实效性、可操作性、完整而详尽的安全管理制度和作业要求，并将之落实到每一位安全管理人员和现场施工人员身上。

第一节　综合安全管理

一、一般规定

1.从事电力生产现场施工应遵守的程序

①接受施工任务。②人员组织安排。③风险辨识，确定方案。④危险点分析。⑤施工准备。⑥现场人员着装。⑦召开开工会。⑧进入施工现场。⑨安全施工和监护。⑩工作结束撤离。

2.每个程序应遵守的规定和注意事项

（1）接受施工任务。①所接施工任务是否资质许可；②工程技术人员、安全监督人员和工人安全素质和技术素质能否满足施工安全要求；③工程施工需要的施工机械、工器具及安全防护设施、工人安全防护用具是否具备、合格；④特种作业人员是否具备合格证件；⑤作业现场配备急救箱和合格的急救用品。

（2）人员组织安排。

1）人员总体要求：

a.根据施工任务的专业特点，安排合适的工作负责人、安全监督人和工作小组负责人。

b.所安排参加电力施工的人员必须经过体格检查无妨碍工作的病症，如精神病、心脏病、高血压、眩晕病、传染病等。

c.工作人员具有高度的安全工作责任心，掌握所从事工作的技能，正确使用安全工器具和个人安全防护用品。

d.工作负责人熟悉施工程序、操作方法，熟悉本施工队伍人员的工作技能，具有识别风险的能力，能够制订施工现场的安全防范措施。

e.参加工作的人员应每年接受一次安全知识教育和安全工作规程培训，并在相关考试中取得合格成绩，并取得公司“安全考试合格工作证”，从事特种作业人员有合格资格证书，并按期复审，定期体检。

f.进入现场的其他人员（供应商、实习人员等）应经过安全生产知识教育后方可进入现场参加指定的工作，并且不得单独工作。

g.作业人员应被告知其作业现场和工作岗位存在的危险因素、防范措施及事故应急措施。

2）各级人员责任：

a.作业负责人（监护人）：正确组织施工作业；检查作业票所列安全措施是否正确完备，是否符合现场实际条件，必要时予以补充完善；施工作业前对全体作业人员进行安全交底及危险点告知，交代安全措施和技术措施，并确认签字；组织执行作业票所列由其负责的安全措施；监督作业人员遵守安全规程、正确使用劳动防护用品和安全工器具以及执行现场安全措施；关注作业人员身体状况和精神状态，观察其是否出现异常迹象，人员变动是否合适。

b.专责监护人：明确被监护人员和监护范围；作业前对被监护人员交代监护范围内的安全措施、告知危险点和安全注意事项；检查作业场所的安全文明施工状况，督促问题整改，监督被监护人员遵守安全规程和执行现场安全措施，及时纠正被监护人员的不安全行为。

c.作业人员：熟悉作业范围、内容及流程，参加作业前的安全交底，掌握并落实安全措施，明确作业中的危险点，并在作业票上签字；服从作业负责人、专责监护人的指挥，严格遵守安全规程和劳动纪律，在指定的作业范围内工作，对自己在工作中的行为负责，互相关心工作安全；正确使用施工机具、安全工器具和劳动防护用品，并在使用前进行外观完好性检查。

d.监理人员：参与安全动态风险识别，审查风险控制措施的有效性；负责作业过程中的巡视、监督；及时纠正作业人员存在的不安全行为。

e.业主项目部经理：审查四级及以上风险控制措施的有效性，并进行监督；必要时协调解决现场存在的安全风险和隐患。

（3）风险辨识，确定方案。作业票签发人或作业负责人在作业前应组织开展作业风险动态评估，确定作业风险等级。

输变电工程施工安全风险等级划分为五级：

一级风险（稍有风险）：指作业过程存在较低的安全风险，不加控制可能发生轻伤及以下事件的施工作业；

二级风险（一般风险）：指作业过程存在一定的安全风险，不加控制可能发生人身轻伤事故的施工作业；

三级风险（显著风险）：指作业过程存在较高的安全风险，不加控制可能发生人身重伤或死亡事故，或者可能发生七级电网事件的施工作业；

四级风险（高度风险）：指作业过程存在很高的安全风险，不加控制容易发生人身死亡事故，或者可能发生六级电网事件的施工作业；

五级风险（极高风险）：指作业过程存在极高的安全风险，不加控制可能发生群死群伤事故，或者可能发生五级电网事件的施工作业。

风险动态评估中，对固有或动态评估风险等级为三级及以上的作业，应组织作业现场勘察，并填写现场勘察记录，现场勘察应满足下列要求：

1）现场勘察应由作业票签发人或作业负责人组织，安全、技术等相关人员参加；

2）现场勘察应察看施工作业现场周边有无影响作业的建（构）筑物、地下管线、邻近设备、交叉跨越及地形、地质、气象等作业现场条件以及其他影响作业的风险因素，并提出安全措施和注意事项；

3）现场勘察后，现场勘察记录应送交作业票签发人、作业负责人及相关各方，作为填写、签发作业票等的依据；

4）作业票签发人或作业负责人在作业前应重新核对现场勘察情况，发现与原勘察情况有不同时，应及时修正、完善相应的安全措施。

四级及以上风险作业项目应发布风险预警。

作业人员或机械器具与带电设备的最小距离小于表2–1中的控制值，施工项目部应进行现场勘察，编写安全施工方案，并将安全施工方案提交运维单位备案。

表2–1　作业人员或机械器具与带电线路风险控制值

电压等级/kV	控制值/m
≤10	4.0

续表

电压等级/kV	控制值/m
20～35	5.5
66～110	6.5
220	8.0
330	9.0
500	11.0

根据勘测结果制订施工方案，应有以下内容：施工工期、参加施工的人员、施工材料、施工机械、工器具、安全工器具和防护用品、施工程序和工艺及施工质量要求、危险点和应采取的防范措施。

对危险性、复杂性和困难程度较大的作业项目，应编制三大措施：组织措施、技术措施、安全措施。

（4）危险点分析。组织所有参加施工人员，召开会议进行工作安排：①进行施工前安全施工教育；②交代施工方案，落实各项准备工作责任人；③对施工中危险点和应采取的防范措施进行学习讨论和补充。

（5）施工准备。准备施工机械、工器具、安措用具和工程材料。按照分工，各责任人分头准备。

施工所需施工机械、工器具、安全工器具、防护用品、安措用具和工程材料的数量满足要求并合格。

（6）现场人员着装。①所派人员着装和佩戴安全帽的颜色、款式要一致，安全帽合格，佩戴“×××公司现场作业工作证”，人证相符；②所派工作负责人、安全监督人着反映在生产现场身份的标志服；③工作服为纯棉服装，整洁合身，衣服和袖口必须扣好；禁止戴围巾和穿长衣服；④城区道路施工作业人员必须全部身穿黄色反光马甲；⑤禁止穿拖鞋、凉鞋。女工禁止穿裙子、高跟鞋，辫子、长发必须盘在工作帽内；⑥工作服不应有可能被转动的机器绞住和工作中容易被他物挂住的部分。

（7）召开开工会。施工人员到达工作地点在非生产区域待命，不得喧哗、打闹和乱走动。待办理工作许可手续后，在工程管理单位工作负责人（或工作联系人）的带领下列队参加开工会，施工单位工作负责人也要进行工作安排和安全措施交代。做到施工人员应知道：工作任务，工作地点，临近带电部位和注意事项，我监护谁或谁监护我，本次工作的危险点和防范措施。

在召开开工会前，任何人不得事先进行工作现场的查看、装卸材料和工器具或做其他准备工作。各位工作人员清楚“应知道”内容后，分别在工作票安全措施确认栏签字。

（8）进入施工现场。施工工作人员要在施工管理单位工作负责人和施工单位工作负责人带领下进入工作现场，并根据现场情况再次交代工作注意事项、风险点和安全防范措施。

施工人员在工作前要进行下列检查，确认后方可施工：工作需要停电的设备或地点，各侧确有明显断开点；工作需要停电的设备或地点，各侧确有接地线，人员在地线保护范围内工作；检查工作地点的人员和所持工器具的最大活动范围与带电设备的安全距离符合相关规程要求。

施工车辆要在工作负责人的引导下进入工作区域。车速不高于5km/h，车辆高度和外廓不超出限高标志的高度。吊车、斗臂车确认吊臂放倒锁定，在专责监护人监护下进入设备区，到达工作区域明确周围带电设备和作业时安全距离，各支撑点地面没有重压坍塌的可能。

禁止将金属梯子带入设备区，搬运梯子等长物要放倒，两人搬运。检查所带进现场的工器具、安全防护用品合格。

（9）安全施工和监护。完成许可手续后，施工管理单位工作负责人（监护人）和施工方工作负责人必须始终在工作现场，对工作班人员的安全认真监护，及时纠正违反安全的动作。

施工管理单位工作负责人、施工方工作负责人、专责监护人和施工人员在施工过程中，及时识别危险点，并进行监护，特别是对临时改变的工作程序和施工工艺进行危险点分析，及时采取对策。施工中不准擅自改变施工程序和工艺。

施工人员完成每项工作后，不得擅自转移工作地点，应在施工管理单位工作负责人和施工方工作负责人的监护下，转移至新的工作地点，并再次交代带电范围、工作范围、安全措施和注意事项。

施工人员工作范围在工作负责人的监护视野范围内，所有施工人员（包括工作负责人）不许单独留在高压室内和室外变电所高压设备区内工作。

工作负责人应根据现场的安全条件、施工范围、工作需要等具体情况，增设专人监护和批准被监护的人数。专责监护人不得兼做其他工作。

施工人员正确识别安全措施，施工中不得跨越围栏、遮拦或禁止通行标志，不得因工作不便而擅自变更安全措施。

施工人员在进行不同的工作行为前，应分析其进行工作行为中，人员、工器具最大活动范围是否满足安全距离，是否会因工器具异常等原因造成对他人和设备、设施的危害（包括隐蔽设备），工作行为是否属于违章作业。

材料、设备应按施工总平面布置规定的地点进行定制化管理，并符合消防及搬运的要求。堆放场地应平坦、不积水，地基应坚实，应设置支垫，并采取防潮、防火措施。

材料、设备放置在围栏或建筑物的墙壁附近时，应留有0.5m以上的间距。

各类抱杆、钢丝绳、跨越架、脚手杆（管）、脚手板、紧固件等受力工器具以及防护用具等均应存放在干燥通风处，并符合防腐、防火等要求。工程开工或间歇性复工前应进行检查，合格后方可使用。

易燃、易爆及有毒有害物品等应分别存放在与普通仓库隔离的危险品仓库内。危险品仓库的库门应向外开，按有关规定严格管理。汽油、酒精、油漆及稀释剂等挥发性易燃材料应密封存放，配消防器材，悬挂相应安全标志。

器材堆放应遵守下列规定：

·器材堆放整齐稳固，长、大件器材的堆放有防倾倒的措施；

·器材距铁路轨道最小距离不得小于2.5m；

·钢筋混凝土电杆堆放的地面应平整、坚实，杆段下方应设支垫，两侧应掩牢，堆放高度不得超过3层；

·钢管堆放的两侧应设立柱，堆放高度不宜超过1m，层间可加垫；

·袋装水泥堆放的地面应垫平，架空垫起不小于0.3m，堆放高度不宜超过10包；临时露天堆放时，应用防雨篷布遮盖；

·线盘放置的地面应平整、坚实，滚动方向前后均应掩牢；

·绝缘子应包装完好，堆放高度不宜超过2m；

·材料箱、筒横卧不超过3层，立放不超过2层，层间应加垫，两边设立柱；

·袋装材料堆高不超过1.5m，堆放整齐、稳固；

·圆木和毛竹堆放的两侧应设立柱，堆放高度不宜超过2m，并有防止滚落的措施；

电气设备的保管与堆放应满足下列要求：

·瓷质材料拆箱后，应单层排列整齐，不得堆放，并采取防碰措施；

·绝缘材料应存放在有防火、防潮措施的库房内；

·电气设备应分类存放，放置应稳固、整齐，不得堆放。重心较高的电气设备在存放时应有防止倾倒的措施。有防潮标志的电气设备应采取防潮措施。

使用电动工具要有漏电保护器，动作电流不得大于30mA，0.1ms，漏电保护器试验动作正常。配电箱外壳接地良好，做到一机一开关，名称标示齐全正确。

配电箱设置地点平整，不得被水淹或土埋，并应防止碰撞和被物体打击。配电箱内及附近不得堆放杂物。

配电箱应坚固，金属壳接地或接零良好，其结构应具备防火、防雨的功能，箱内的配线应采取相色配线且绝缘良好，导线进出配电柜或配电箱的线段应采取固定措施，导线端头制作规范，连接应牢固。操作部位不得有带电体裸露。

支架上装设的配电箱，应安装牢固并便于操作和维修；引下线应穿管敷设并做防水弯。

低压回路上工作，要先断开电源开关，取下保险，在电源开关上悬挂“禁止合闸，有人工作！”的标示牌，要专人监护，安全措施应完备，工作前验电。

用电设备的电源引线长度不得大于5m；长度大于5m时，应设移动开关箱。移动开关箱至固定式配电箱之间的引线长度不得大于40m，且只能用绝缘护套软电缆。

电气设备不得超铭牌使用，隔离型电源总开关禁止带负荷拉闸。开关和熔断器的容量应满足被保护设备的要求。闸刀开关应有保护罩。禁止用其他金属丝代替熔丝。熔丝熔断后，应查明原因，排除故障后方可更换。更换熔丝后应装好保护罩才可送电。

多路电源配电箱宜采用密封式；开关及熔断器应上口接电源，下口接负荷，禁止倒接；负荷应标明名称，单相开关应标明电压。

不同电压等级的插座与插销应选用相应的结构，禁止用单相三孔插座代替三相插座。单相插座应标明电压等级。

禁止将电源线直接钩挂在闸刀上或直接插入插座内使用。

照明灯具的悬挂高度不应低于2.5m，并不得任意挪动，低于2.5m时应设保护罩。照明灯具开关应控制相线。

光线不足的作业场所及夜间作业的场所均应有足够的照明。

在有爆炸危险的场所及危险品仓库内，应采用防爆型电气设备，开关应装在室外。在散发大量蒸汽、气体或粉尘的场所，应采用密闭型电气设备。在坑井、沟道、沉箱内及独立高层建筑物上，应备有独立的照明电源，并符合安全电压要求。

行灯的电压不得超过36V，潮湿场所、金属容器或管道内的行灯电压不得超过12V。行灯应有保护罩，行灯电源线应使用绝缘护套软电缆。

接地装置的敷设应符合现行国家标准《建设工程施工现场供用电安全规范》GB 50194的规定并应满足下列基本要求：人工接地体的顶面埋设深度不宜小于0.6m；人工垂直接地体宜采用热浸镀锌圆钢、角钢、钢管，长度宜为2.5m；人工水平接地体宜采用镀锌的扁钢或圆钢；圆钢直径不应小于12mm；扁钢、角钢等型钢的截面积不应小于90mm^2；其厚度不应小于3mm；钢管壁厚不应小于2mm；人工接地体不得采用螺纹钢。

施工现场、仓库及重要机械设备、配电箱旁，生活和办公区等应配置相应的消防器材。需要动火的施工作业前，应增设相应类型及数量的消防器材。

在防火重点部位或易燃、易爆区周围动用明火或进行可能产生火花的作业时，应办理动火工作票，经有关部门批准后，采取相应措施并增设相应类型及数量的消防器材后方可进行。

消防设施应有防雨、防冻措施，并定期进行检查、试验，确保有效；砂桶（箱、袋）、斧、锹、钩子等消防器材应放置在明显、易取处，不得任意移动或遮盖，禁止挪作他用。

作业现场禁止吸烟。禁止在办公室、工具房、休息室、宿舍等房屋内存放易燃、易爆物品。电气设备附近应配备适用于扑灭电气火灾的消防器材。发生电气火灾时应首先切断电源。

（10）工作结束撤离。当日工作完毕后，应清扫、整理现场。工程管理单位工作负责人和施工方工作负责人应先周密地检查无问题后，列队离开施工现场，全部工作完毕后，彻底清理现场。变电运行人员验收合格。工作负责人确认所有工作人员撤离后才能撤离现场，严禁单人重返检修现场。

二、常用施工机械、工器具、安全工具合格标准

（一）手持电动工具合格标准

（1）有统一、清晰的编号。

（2）外壳及手柄无裂纹或破损。

（3）电源线使用多股铜芯橡皮护套软电缆或护套软线。

Ⅰ类工具：单相的采用三芯电缆，三相的采用四芯电缆。

（4）保护接地（零）线连接正确（使用绿/黄双色或黑色线芯）、牢固可靠。

（5）电缆线完好无破损。

（6）插头符合安全要求，完好无破损。

（7）开关动作正常、灵活、无破损。

（8）机械防护装置良好。

（9）转动部分灵活可靠。

（10）连接部分牢固可靠。

（11）抛光机等转速标志明显或对使用的砂轮要求清楚、明显。

（12）绝缘电阻符合要求，有定期测量记录，未超期使用；每半年测量一次绝缘电阻；Ⅰ类工具大于2MΩ，Ⅱ类工具大于7MΩ，Ⅲ类工具大于1MΩ。

（二）移动式电动机具合格标准

（1）有统一、清晰的编号。

（2）电气部分绝缘电阻符合要求，有定期测量记录，未超期使用（500V兆欧表，不低于0.51MΩ，额定电压1 000V以上的机具，应使用1 000V兆欧表）。

（3）电源线使用多股铜芯橡皮护套电缆或护套软线，且单相设备采用三芯电缆，三相设备使用四芯电缆。

（4）软电缆或软线完好、无破损。

（5）保护接地（零）线连接正确、牢固。

（6）开关动作正常、灵活、无破损。

（7）机械防护装置完好。

（三）手动葫芦（倒链）合格标准

（1）铭牌上制造厂家、制造年月清楚，额定负荷标志清晰。

（2）无负荷上升运转时有棘爪声，下降时制动正常。

（3）吊钩无裂纹，无明显变形或损伤，原有的防脱钩卡子完好。

（4）环链无裂纹，无明显变形、节距伸长或直径磨损。

（四）电焊机合格标准

（1）有统一、清晰的编号。

（2）电源线，焊机一、二次线电焊机接线端子有屏蔽罩。

（3）电焊机金属外壳有可靠的保护接地（零）。

（4）焊接变压器一、二次绕组之间，绕组与外壳之间绝缘良好，不小于1MΩ，有检验记录，未超期使用。

（5）一次线长度不超过2m，二次线接头不超过三个，接头部分绝缘材料包好，导线的金属部分不裸露。

（6）电焊钳须能牢固地夹住焊条，接触良好，握柄必须用绝缘耐热材料制成。

（7）防护用具［手把面罩、电焊手套、橡胶绝缘鞋、白光眼镜（防护镜）］具备完好。

（五）气焊设备合格标准

（1）定期检验合格，在检验周期内使用（以检验标志为准）。

（2）无严重腐蚀或严重损伤。

（3）有明显、正确的漆色和标志（氧气瓶应涂天蓝色，用黑颜色标明“氧气”字样；乙炔气瓶应涂白色，并用红色标明“乙炔”字样）。

（4）安全装置齐全。氧气瓶的减压器应涂蓝色，乙炔发生器的减压器应涂白色，以免混用。气瓶在存放和运输过程中应设置防护帽，防震胶圈齐全。

（5）配备开启气瓶的专用工具。

（6）乙炔气瓶使用的工具应为非含铜的防火花操作工具。

（7）软管未有鼓包、裂缝或漏气等现象。有漏气现象，不准用贴补或包缠的方法修理，用双面接头管把软管连接起来并用夹子或金属绑线扎紧。枪体连接处严密，嘴子无堵塞现象。

（六）梯子、高凳的合格标准

（1）有统一、清晰的编号。

（2）定期检查合格，有记录。

（3）木、竹制构件连接牢固无腐蚀、变形。

（4）金属组件无严重锈蚀、无严重变形，连接牢固可靠（禁止使用钉子）。

（5）防滑装置（金属尖角、橡胶套）齐全可靠。

（6）梯阶的距离不应大于40mm。

（7）人字梯铰链牢固，限制开度的拉链齐全。梯子每半年进行一次静负荷试验，试验施加静负荷180kg，持续时间5min。

（七）脚扣合格标准

（1）电力安全工器具质量监督检验测试中心每年公布的电力安全工器具生产厂家生产产品。每年进行一次静负荷试验，试验施加静负荷120kg，持续时间5min。

（2）金属母材及焊缝无任何裂纹及可目测到的变形。

（3）橡胶防滑条（套）完好，无破损。

（4）皮带完好，无霉变、裂缝或严重变形。

（5）定期检查并有记录。

（6）小爪连接牢固，活动灵活。

（八）安全带合格标准

（1）电力安全工器具质量监督检验测试中心每年公布的电力安全工器具生产厂家生产产品。安全带使用年限一般3～5年。每年进行一次静负荷拉力试验，围杆带（绳）、安全绳试验施加拉力2 205N，持续时间5min，护腰带试验施加拉力1 470N，持续时间5min。

（2）组件完整、无短缺、无伤残破损。

（3）绳索、编带无脆裂、断股或扭结。

（4）金属配件无裂纹、焊接无缺陷、无严重锈蚀。

（5）挂钩的钩舌咬口平整不错位，保险装置完整可靠。

（6）铆钉无明显偏位，表面平整。

（九）安全帽合格标准

（1）安全帽应为电力安全工器具质量监督检验测试中心每年公布的电力安全工器具生产厂家生产的产品。

（2）安全帽从产品制造完成之日起，塑料帽使用期不超过两年半；玻璃钢（维纶钢）安全帽使用期不超过三年半。

（3）外观检查安全帽的帽壳、帽箍、顶衬、下颚带、后扣（或帽箍扣）等组件应完好无损，帽壳与顶衬缓冲空间在

25～50mm。

（4）安全帽佩戴好后，后扣拧到合适位置（或将帽箍扣调整到合适的位置），锁好下颚带，保证前倾后仰不滑落。

（5）高压近电报警安全帽检查其音响部分是否良好。

（十）动力、照明箱（盘）合格标准

（1）内部器件安装及配线工艺符合安全要求。

（2）开关操作灵活，漏电保护器试验动作可靠（动作电流不大于30mA，0.1ms）。

（3）各路配线负荷标志清晰，熔丝（片）容量符合相关规程要求，不得用铜丝代替熔丝（管）。

（4）保护接地（零）系统连接符合安全要求。

（5）引进、引出电缆孔洞封堵严密，且不应存在缺口。

（6）箱门完好，内部无杂物。

（7）室外电源箱防雨设施良好。

（8）电源箱上的插座相线、中性线布置符合相关规定。

（9）中性线、相线接线端子标志清楚。

（10）开关外壳、消弧罩齐全。

（十一）手动工具合格标准

（1）平锤、压锤、剁斧、冲子、扁铲等冲击性工具严禁用高速工具钢制作，锤击面不得淬火，冲击面毛刺应及时打磨清理。

（2）大锤、手锤、手斧等摔打性工具的把柄应用坚韧的木料制作，锤头应用金属背楔加以固定。

三、发承包工程和临时工安全管理有关规定

外包队伍资质审查每年一次。承包单位每年由推荐单位初审，初审合格后，由推荐单位送公司主管部门进行复审，复审合格，在公司安全管控网站上进行公示。

承包单位的安全工器具管理应符合下列规定：

（1）具有满足工程施工需要、保证安全的施工机械、工器具及安全防护设施、安全用具。所使用的安全工器具应按相关规程规定，定期试验；试验应由具有试验资格并经电力部门认可的单位进行，应具有试验报告；安全工器具均应贴有试验标签，严禁使用未经试验、试验超周期和试验不合格的安全工器具。

（2）建立安全工器具登记记录本，记录安全工器具的使用、试验日期及报废日期。应有专人负责安全工器具的保管，按照相关规定使用、存放安全工器具。

（3）各类绝缘安全工器具的存放必须符合电力安全工作规程要求。各外包队伍使用的安全帽统一为蓝色。

第二节　通用作业要求

一、高处作业

按照现行国家标准《高处作业分级》GB/T 3608的规定，凡在距坠落高度基准面2m及以上有可能坠落的高度进行的作业均称为高处作业。高处作业应设专责监护人。

高处作业的人员应每年体检一次。患有不宜从事高处作业病症的人员，不得参加高处作业。高处作业人员应衣着灵便，衣袖、裤脚应扎紧，穿软底防滑鞋，并正确佩戴个人防护用具。

高处作业人员应正确使用安全带，宜使用全方位防冲击安全带。杆塔组立、脚手架施工等高处作业时，应采用速差自控器等后备保护设施。安全带及后备防护设施应高挂低用。高处作业过程中，应随时检查安全带绑扎的牢靠情况。安全带使用前应检查是否在有效期内，是否有变形、破裂等情况，禁止使用不合格的安全带。

特殊高处作业宜设置与地面联系的信号或通信装置，并由专人负责。

遇有六级及以上的大风或暴雨、雷电、冰雹、大雪、大雾、沙尘暴等恶劣气候时，应停止露天高处作业。

高处作业下方危险区内禁止人员停留或穿行，高处作业的危险区应设围栏及“禁止靠近”的安全标志牌。

高处作业的平台、走道、斜道等应装设不低于1.2m高的护栏（0.5～0.6m处设腰杆），并设180mm高的挡脚板。在夜间或光线不足的地方进行高处作业时，应设充足的照明。高处作业地点、各层平台、走道及脚手架上堆放的物件不得超过允许荷载，施工用料应随用随吊。禁止在脚手架上使用临时物体（箱子、桶、板等）作为补充台架。

高处作业所用的工具和材料应放在工具袋内或用绳索拴在牢固的构件上，较大的工具应系保险绳。上下传递物件应使用绳索，不得抛掷。高处作业时，各种工件、边角余料等应放置在牢靠的地方，并采取防坠落的措施。

高处焊接作业时应采取措施防止安全绳（带）损坏。高处作业人员上下杆塔等设施应沿脚钉或爬梯攀登，在攀登或转移作业位置时不得失去保护。杆塔上水平转移时应使用水平绳或设置临时扶手，垂直转移时应使用速差自控器或安全自锁器等装置。禁止使用绳索或拉线上下杆塔，不得顺杆或单根构件下滑或上爬。杆塔设计时应提供安全保护设施的安装用孔。

下脚手架应走斜道或梯子，不得沿绳、脚手立杆或横杆等攀爬。攀登无爬梯或无脚钉的杆塔等设施应使用相应工具，多人沿同一路径上下同一杆塔等设施时应逐个进行。

在电杆上进行作业前应检查电杆及拉线埋设是否牢固、强度是否足够，并应选用适合于杆型的脚扣，系好安全带。在构架及电杆上作业时，地面应有专人监护、联络。

高处作业区附近有带电体时，传递绳应使用干燥的绝缘绳。在霜冻、雨雪后进行高处作业，施工作业人员应采取防冻和防滑措施。在气温低于-10℃进行露天高处作业时，施工场所附近宜设取暖休息室，并采取防火措施。

在轻型或简易结构的屋面上作业时，应有防止坠落的可靠措施。在屋顶及其他危险的边沿进行作业时，临空面应装设安全网或防护栏杆，施工作业人员应使用安全带。高处作业人员不得坐在平台、孔洞边缘，不得骑坐在栏杆上，不得站在栏杆外作业或凭借栏杆起吊物件。

二、交叉作业

作业前，应明确交叉作业各方的施工范围及安全注意事项；垂直交叉作业，层间应搭设严密、牢固的防护隔离设施，或采取防高处落物、防坠落等防护措施。

交叉作业时，作业现场应设专责监护人，上层物件未固定前，下层应暂停作业。工具、材料、边角余料等不得上下抛掷。不得在吊物下方接料或停留。作业场所的通道应保持畅通；有危险的出入口处应设围栏并悬挂安全标志，应保持充足光线。

三、有限空间作业

进入井、箱、柜、深坑、隧道、电缆夹层内等有限空间作业，应在作业处设专责监护人。监护人员应事先与作业人员规定明确的联络信号，并与作业人员保持联系，作业前和离开时应准确清点人数。

有限空间作业应坚持“先通风、再检测、后作业”的原则，作业前应进行风险辨析，分析有限空间内气体种类并进行评估检测，做好记录。出入口应保持畅通并设置明显的安全警示标志，夜间应设警示红灯。

检测人员进行检测时，应采取相应的防护措施，防止中毒窒息等事故发生。有限空间作业现场的氧气含量应在19.5%～23.5%。有害有毒气体、可燃气体、粉尘容许浓度应符合国家安全要求，不符合时应采取清洗或置换等措施。

有限空间内盛装或者残留的物料对作业存在危害时，作业前应对物料进行清洗、清空或者置换，危险有害因素符合相关要求后方可进入有限空间作业。

在有限空间作业时，应保持通风良好，禁止用纯氧进行通风换气。在氧气浓度、有害气体、可燃性气体、粉尘的浓度可能发生变化的环境中作业，应保持必要的测定次数或连续检测。检测的时间不宜早于作业开始前30min。作业中断超过30min，应当重新通风，检测合格后方可进入。

在有限空间作业场所，应配备安全和抢救器具，如防毒面罩、呼吸器具、通信设备、梯子、绳缆以及其他必要的器具和设备。有限空间作业场所应使用安全矿灯或36V以下的安全灯，潮湿环境下应使用12V的安全电压，使用超过安全电压的手持电动工具时，应按规定配备剩余电流动作保护装置（漏电保护器）。在金属容器等导电场所，剩余电流动作保护装置（漏电保护器）、电源连接器和控制箱等应放在容器、导电场所外面，电动工具的开关应设在监护人伸手可及的地方。对由于防爆、防氧化不能采用通风换气措施或受作业环境限制不易充分通风换气的场所，作业人员应使用空气呼吸器或软管面具等隔离式呼吸保护器具。

发现通风设备停止运转，有限空间内氧含量浓度低于或者有毒有害气体浓度高于国家标准或者行业标准规定的限值时，应立即停止有限空间作业，清点作业人员，撤离作业现场。

有限空间作业中发生事故，现场有关人员应当立即报警，禁止盲目施救。应急救援人员实施救援时，应当做好自身防护，佩戴必要的呼吸器具、救援器材。

四、机动车运输

机动车辆运输应按《中华人民共和国道路交通安全法》的有关规定执行。车上应配备灭火器。载货机动车除押运和装卸人员外，不得搭乘其他人员。

装运超长、超高或重大物件时应遵守下列规定：

（1）物件重心与车厢承重中心应基本一致。

（2）易滚动的物件顺其滚动方向应掩牢并捆绑牢固。

（3）用超长架装载超长物件时，在其尾部应设警告标志，超长架与车厢固定，物件与超长架及车厢应捆绑牢固。

（4）押运人员应加强途中检查，捆绑松动应及时加固。

运输电缆盘时，盘上的电缆头应固定牢固，应有防止电缆盘在车、船上滚动的措施。卸电缆盘时不能从车、船上直接推下。滚动电缆盘的地面应平整，滚动电缆盘应顺着电缆缠紧的方向，破损的电缆盘不应滚动。电缆盘放置时应立放，并采取防止滚动措施。

五、人力运输和装卸

人力运输的道路应事先清除障碍物；山区抬运笨重物件或钢筋混凝土电杆的道路，其宽度不宜小于1.2m，坡度不宜大于1∶4，如不满足要求，应采取有效的方案作业。重大物件不得直接用肩扛运，多人抬运时应步调一致，同起同落，并应有人指挥。

运输用的工器具应牢固可靠，每次使用前应进行认真检查。雨雪后抬运物件时，应有防滑措施。

用跳板或圆木装卸滚动物件时，应用绳索控制物件，物件滚落前方禁止有人。

钢筋混凝土电杆卸车时，车辆不得停在有坡度的路面上。每卸一根，其余电杆应掩牢；每卸完一处，剩余电杆绑扎牢固后方可继续运输。

汽车挂车、半挂车、平板车、起重车、自动倾卸车和拖拉机挂车车厢内禁止载人。

六、起重作业

项目管理实施规划中应有机械配置、大型吊装方案及各项起重作业的安全措施。起重机械拆装时应编制专项安全施工方案。特殊环境、特殊吊件等施工作业应编制专项安全施工方案或专项安全技术措施，必要时还应经专家论证。

起重机械操作人员应持证上岗，建立起重机械操作人员台账，并进行动态管理。起重作业应由专人指挥，分工明确。重大物件的起重、搬运作业应由专人负责。

每次换班或每个工作日的开始，在用的起重机械应按其类型，针对与该起重机械适合的相关内容进行日常检查。起重作业前应进行安全技术交底，使全体人员熟悉起重搬运方案和安全措施。操作人员在作业前应对作业现场环境、架空电力线以及构件重量和分布等情况进行全面了解。操作人员应按规定的起重性能作业，禁止超载。

起重机械使用前应经检验检测机构监督检验合格并在有效期内。起重机械的各种监测仪表以及制动器、限位器、安全阀、闭锁机构等安全装置应完好齐全、灵敏可靠，不得随意调整或拆除。禁止利用限制器和限位装置代替操纵机构。

各类起重机械应装有音响清晰的喇叭、电铃或汽笛等信号装置。在起重臂、吊钩、平衡重等转动体上应标以鲜明的色彩标志。起重机械使用单位对起重机械安全技术状况和管理情况应进行定期或专项检查，并指导、追踪、督查缺陷整改。

操作室内禁止堆放有碍操作的物品，非操作人员禁止进入操作室。起重作业应划定作业区域并设置相应的安全标志，禁止无关人员进入。

在露天有六级及以上大风或大雨、大雪、大雾、雷暴等恶劣天气时，应停止起重吊装作业。雨雪过后作业前，应先试吊，确认制动器灵敏可靠后方可进行作业。

在高寒地带施工的设备，应按相关规定定期更换冬、夏季传动液压油、发动机油和齿轮油等，保证油质能满足其使用条件。起吊物体应绑扎牢固，吊钩应有防止脱钩的保险装置。若物体有棱角或特别光滑的部位时，在棱角和滑面与绳索（吊带）接触处应加以包垫。起重吊钩应挂在物件的重心线上。

含瓷件的组合设备不得单独采用瓷质部件作为吊点，产品特别许可的小型瓷质组件除外。瓷质组件吊装时应使用不危及瓷质安全的吊索，例如尼龙吊带等。

1.起重指挥要求

起重吊装作业的指挥人员、司机和安拆人员等应持证上岗，作业时应与操作人员密切配合，执行规定的指挥信号。起重指挥信号应简明、统一、畅通。操作人员应按照指挥人员的信号进行作业，当信号不清或错误时，操作人员可拒绝执行。操作室远离地面的起重机械，在正常指挥发生困难时，地面及作业层（高空）的指挥人员均应采用对讲机等有效的通信联络方式进行指挥。

禁止使用起重机械进行斜拉、斜吊和起吊地下埋设或凝固在地面上的重物以及其他不明重量的物体。

吊件吊起100mm后应暂停，检查起重系统的稳定性、制动器的可靠性、物件的平稳性、绑扎的牢固性，确认无误后方可继续起吊。对易晃动的重物应拴好控制绳。物件起升和下降速度应平稳、均匀，不得突然制动。禁止起吊物件长时间悬挂在空中，作业中遇突发故障时，应采取措施将物件降落到安全地方，并关闭发动机或切断电源后进行检修。无法放下吊物时，应采取适当的保险措施，除排险人员外，任何人员不得进入危险区域。

在起吊、牵引过程中，受力钢丝绳的周围、上下方、转向滑车内角侧、吊臂和起吊物的下面，禁止有人逗留和通过。吊物上不可站人，禁止作业人员利用吊钩上升或下降。禁止用起重机械载运人员。禁止起重臂跨越电力线进行作业。

2.流动式起重机

起重机行驶和作业的场地应保持平坦坚实，机身倾斜度不得超过制造厂的规定，其车轮、支腿或履带的前端、外侧与沟、坑边缘的距离不得小于沟、坑深度的1.2倍，小于1.2倍时应采取防倾倒、防坍塌措施。

汽车式起重机作业前应支好全部支腿，支腿应加垫木。作业中禁止扳动支腿操纵阀，调整支腿应在无荷载时进行，且应将起重臂转至正前或正后方位。

汽车式起重机起吊作业应在起重机的侧向和后向进行，变幅角度或回转半径应与起重量相适应。起重机带载回转时，回转速度要均匀，重物未停稳前，不准作反向操作；向前回转时，臂杆中心线不得越过支腿中心。

起吊重物时，重物中心与吊钩中心应在同一垂线上；荷载由多根钢丝绳支承时，宜设置能有效地保证各根钢丝绳受力均衡的装置。作业中发现起重机倾斜、支腿不稳等异常现象时，应立即使重物降落在安全的地方，下降中禁止制动。当吊钩处于作业位置最低点时，卷筒上缠绕的钢丝绳，除固定绳尾的圈数外，放出钢丝绳时，卷筒上应至少保留3圈；当吊钩处于作业位置最高点时，卷筒上还宜留有至少1整圈的绕绳余量。

停机时，应先将重物落地，不得将重物悬在空中停机。

起吊作业完毕后，应先将臂杆放在支架上，后起支腿；吊钩应用专用钢丝绳挂牢或固定于规定位置。汽车式起重机禁止吊物行走。

作业时，臂架、吊具、辅具、钢丝绳及吊物等与架空输电线及其他带电体之间的距离不得小于安全距离，且应设专人监护。长期或频繁地靠近架空线路或其他带电体作业时，应采取隔离防护措施。加油时禁止吸烟或动用明火。油料着火时，应使用泡沫灭火器或砂土扑灭，禁止用水浇泼。

3.绞磨和卷扬机

绞磨和卷扬机应放置平稳，锚固应可靠，并应有防滑动措施。受力前方不得有人。拉磨尾绳不应少于两人，且应位于锚桩后面、绳圈外侧，不得站在绳圈内，距离绞磨不得小于2.5m；当磨绳上的油脂较多时应清除。

机动绞磨宜设置过载保护装置，不得采用松尾绳的方法卸荷。

卷筒应与牵引绳保持垂直。牵引绳应从卷筒下方卷入，且排列整齐，通过磨芯时不得重叠或相互缠绕，在卷筒或磨芯上缠绕不得少于5圈，绞磨卷筒与牵引绳最近的转向滑车应保持5m以上的距离。

机动绞磨和卷扬机不得在有荷载的情况下过夜。

磨绳在通过磨芯时不得重叠或相互缠绕，当出现该情况时，应停止作业，及时排除故障，不得强行牵引。不应在转动的卷筒上调整牵引绳位置。作业人员不得跨越正在作业的卷扬钢丝绳。物料提起后，操作人员不得离开机械。被吊物件或吊笼下面禁止人员停留或通过。

使用卷扬机应遵守下列规定：

（1）作业前应进行检查和试车，确认卷扬机设置稳固，防护设施、电气绝缘、离合器、制动装置、保险棘轮、导向滑轮、索具等合格后，方可使用。

（2）作业时禁止向滑轮上套钢丝绳，禁止在卷筒、滑轮附近用手扶运行中的钢丝绳，不准跨越行走中的钢丝绳，不准在各导向滑轮的内侧逗留或通过。

（3）吊起的重物在空中短时间停留时，应用棘爪锁住，休息时应将物件或吊笼降至地面。

（4）作业中如发现异常情况时，应立即停机检查，排除故障后方可使用。

（5）卷扬机未完全停稳时不得换挡或改变转动方向。

（6）设置导向滑车应对正卷筒中心，导向滑轮不得使用开口拉板式滑轮，滑车与卷筒的距离不应小于卷筒（光面）长度的20倍，与有槽卷筒不应小于15倍且不应小于15m。

（7）卷扬机传动部分应安装防护罩。

七、起重工器具

1.一般规定

起重滑车、钢丝绳（套）等起重工器具使用前应进行检查。

起重设备的吊索具和其他起重工具应按出厂说明书和铭牌的

规定使用，不准超负荷使用。

自制或改装起重工器具，应按有关规定进行试验，经鉴定合格后方可使用，并不得超负荷使用。

2. 千斤顶

油压式千斤顶的安全栓有损坏，或螺旋、齿条式千斤顶的螺纹、齿条的磨损量达20%时，禁止使用。

千斤顶应设置在平整、坚实处，并用垫木垫平。千斤顶禁止超载使用，不得加长手柄，不得超过规定人数操作。

使用油压式千斤顶时，任何人不得站在安全栓的前面。

用两台及以上千斤顶同时顶升一个物体时，千斤顶的总起重能力不应小于负荷重的2倍。顶升时应由专人统一指挥，确保各千斤顶的顶升速度及受力基本一致。

3. 钢丝绳

钢丝绳应具有产品检验合格证，并按出厂技术数据选用。钢丝绳（套）有下列情况之一者应报废或截除：①绳芯损坏或绳股挤出、断裂；②笼状畸形、严重扭结或金钩弯折；③压扁严重，断面缩小，实测相对公称直径减小10%（防扭钢绳3%）时，未发现断丝也应予以报废；④钢丝绳的钢丝磨损或腐蚀达到钢丝绳实际直径比其公称直径减少7%或更多者，或钢丝绳受过严重退火或局部电弧烧伤者及化学介质的腐蚀外表出现颜色变化时；⑤钢丝绳的弹性显著降低，不易弯曲，单丝易折断时。

钢丝绳端部用绳卡固定连接时，绳卡压板应在钢丝绳主要受力的一边，并不得正反交叉设置。绳卡间距不应小于钢丝绳直径的6倍。当两根钢丝绳用绳卡搭接时，绳卡数量应增加50%。绳卡受载一、二次以后应做检查，在多数情况下，螺母需要进一步拧紧。

插接的环绳或绳套，其插接长度应不小于钢丝绳直径的15倍，且不得小于300mm。在捆扎或吊运物件时，不得使钢丝绳直接和物体的棱角相接触。钢丝绳使用后应及时除去污物，每年浸油一次，并存放在通风干燥处。对出现润滑剂已发干或变质现象的局部绳段应特别注意保养。

滑轮、卷筒的槽底或细腰部直径与钢丝绳直径之比应遵守下列规定：①起重滑车：机械驱动时不应小于11，人力驱动时不应小于10；②绞磨卷筒不应小于10。

通过滑车及卷筒的钢丝绳不得有接头，钢绞线不得进入卷筒。

4.编织防扭钢丝绳

编织防扭钢丝绳应按有关规定进行定期检验。编织防扭钢丝绳的使用除应符合相关规程的规定外，还应在架线施工前进行专项检查。

编织防扭钢丝绳不宜通过起重滑车，不得接续插接使用。

编织防扭钢丝绳的两端应插套，插接长度不应小于绳节距的4倍。

采用铝合金压制接头的钢丝绳应符合现行国家标准《钢丝绳

铝合金压制接头》GB/T 6946。

5.合成纤维吊装带、棕绳（麻绳）和化纤绳（迪尼玛绳）

合成纤维吊装带、棕绳（麻绳）和化纤绳（迪尼玛绳）等应选用符合标准的合格产品，禁止超载使用。使用前应对吊带进行试验和检查，损坏严重者应做报废处理；合成纤维吊装带使用期间应经常检查吊装带是否有缺陷或损伤；如有任何影响使用的状况发生，所需标识已经丢失或不可辨识，应立即停止使用，交有资质的部门进行检测；吊装不得拖拉、打结使用，有载时不得转动货物使吊带扭拧；不得使用没有护套的吊带吊装有尖角、棱边的货物；不得长时间悬吊货物。

棕绳一般仅限于手动操作（经过滑轮）提升物件，或作为控制绳等辅助绳索使用；使用允许拉力不得大于9.8N/mm^2；旧绳用于捆绑或在潮湿状态时应按允许拉力减半使用；使用前应逐段检查，霉烂、腐蚀、断股或损伤者不得使用，绳索不得修补使用；捆扎物件时，应避免绳索直接与物件尖锐处接触，不应和有腐蚀性的化学物品接触。

化纤绳使用前应进行外观检查；使用中应避免刮磨或与热源接触；绑扎固定不得用直接系结的方式；使用中有可能与带电体接触时，应按现行国家标准《带电作业用绝缘绳索》GB/T 13035的规定进行试验、干燥、隔潮等。

6.起重滑车

滑车应按铭牌规定的允许负载使用，如无铭牌，应经计算和试验后重新标识方可使用。在受力方向变化较大的场合或在高处使用时应采用吊环式滑车。

使用开门式滑车时应将门扣锁好。使用吊钩式滑车时应有防止脱钩的钩口闭锁装置。

滑车的缺陷不得焊补。

滑车出现下述情况之一时应报废：①裂纹；②轮槽径向磨损量达钢丝绳名义直径的25%；③轮槽壁厚磨损量达基本尺寸的10%；④轮槽不均匀磨损量达3mm；⑤其他损害钢丝绳的缺陷。

吊钩出现下列情况之一时应报废：①裂纹；②危险断面磨损量大于基本尺寸的5%；③吊钩变形超过基本尺寸的10%；④扭转变形超过10°；⑤危险断面或吊钩颈部产生塑性变形。

滑车组的钢丝绳不得产生扭绞；使用时滑车组两滑车轴心间的距离不得小于表2-2的规定。

表2-2　滑车组两滑车轴心最小允许距离

滑车起重量/t	1	5	10～20	32～50
滑车轴心最小允许距离/mm	700	900	1 000	1 200

7.卸扣

卸扣不得处于吊件的转角处；不得横向受力。销轴不得扣在能活动的绳套或索具内。

当卸扣有裂纹、塑性变形、螺纹脱扣、销轴和扣体断面磨损达原尺寸的3%～5%时，不得使用；卸扣上的缺陷不允许补焊。

禁止用普通材料的螺栓取代卸扣销轴。

8.链条葫芦和手扳葫芦

使用前应检查和确认吊钩及封口部件、链条、转动装置及刹车装置可靠，转动灵活正常。刹车片禁止沾染油脂和石棉。

起重链不得打扭，不得拆成单股使用；使用中发生卡链，应将受力部位封固后方可进行检修。

手拉链或者扳手的拉动方向应与链槽方向一致，不得斜拉硬扳；手动受力值应符合说明书的规定，不得强行超载使用。

操作人员禁止站在葫芦正下方，不得站在重物上面操作，也不得将重物吊起后停留在空中而离开现场，起吊过程中禁止任何人在重物下行走或停留。

带负荷停留较长时间或过夜时，应采用手拉链或扳手绑扎在起重链上，并采取保险措施。

起重能力在5t以下的允许一人拉链，起重能力在5t以上的允许两人拉链，不得随意增加人数猛拉。两台及以上链条葫芦起吊同一重物时，重物的重量不应大于每台链条葫芦的允许起重量。

八、焊接与切割

1.一般规定

进行焊接或切割作业时，操作人员应穿戴专用工作服、绝缘鞋、防护手套等符合专业防护要求的劳动保护用品。衣着不得敞领、卷袖。作业人员在观察电弧时，应使用带有滤光镜的头罩或手持面罩，或佩戴安全镜、护目镜或其他合适的眼镜。辅助人员也应佩戴类似的眼保护装置。

在作业前，操作人员应对设备的安全性和可靠性、个人防护用品、操作环境进行检查。登高进行焊割作业者，衣着要灵便，戴好安全帽和系好安全带，穿胶底鞋，禁止穿硬底鞋和带钉易滑的鞋。

焊接与切割设备应按制造厂提供的操作说明书和安全规程使用。设备应处于正常的工作状态，存在安全隐患时，应停止使用并由维修人员修理。

焊接与切割的作业场所应有良好的照明，并只能在无火灾隐患的条件下实施。

禁止在储存或加工易燃、易爆物品的场所周围10m范围内进行焊接或切割作业。所有焊接、切割的操作应要在足够的通风条件下进行，必要时应采取机械通风方式。

在风力五级以上及下雨、下雪时，不可露天或高处进行焊接和切割作业。如必须作业时，应采取防风、防雨雪的措施。

在高处进行焊割作业时，应把动火点下部的易燃、易爆物品移至安全地点，或采取可靠的隔离、防护措施。作业结束后，应检查是否留有火种，确认合格后方可离开现场。

在高处进行电焊作业时，宜设专人进行拉合闸和调节电流等作业。

高处作业时，禁止将焊接电缆或气焊、气割的橡皮软管缠绕在身上操作，以防触电或燃爆。登高焊割作业应避开高压线、裸导线及低压电源线。高处作业时，电焊机及其他焊割设备与高处焊割作业点的下部地面保持10m以上的间隔，并应设监护人。高处作业时，所使用的焊条、工具、小零件等应装在牢固的无孔洞的工具袋内，防止落下伤人。

高处作业时，不得随身携带电焊导线或气焊软管登高，不得从高处跨越。电焊导线、软管应在切断电源或气源后用绳索提吊。进行焊接或切割作业时，应有防止触电、爆炸和防止金属飞溅引起火灾的措施。在人员密集的场所作业时，宜设挡光屏。

在进行焊接或切割操作的地方应配置适宜、足够的灭火设备。

焊接或切割作业结束后，应切断电源或气源，整理好器具，仔细检查作业场所周围及防护设施，确认无起火危险后方可离开。

2.电弧焊

施工现场的电焊机应根据施工区需要而设置。多台电焊机集中布置时，应将电焊机和控制刀闸作对应的编号。电焊机一次侧电源线不得超过5m，二次侧引出线不得超过30m。一、二次侧线应布置整齐，牢固可靠。露天装设的电焊机应设置在干燥的场所，并应有防雨、防雪措施。

电焊机的外壳应可靠接地或接零。接地时，其接地电阻不得大于4Ω。不得多台串联接地。电焊机各电路对机壳的热态绝缘电阻不得低于0.4Ω。

电焊机应有单独的电源控制装置。

电焊设备应经常维修、保养。使用前应进行检查，确认无异常后方可合闸。

电焊机倒换接头，转移作业地点或发生故障时，应切断电源。

焊钳及电焊线的绝缘应良好，导线截面积应与作业参数相适应。焊钳应具有良好的隔热能力。

禁止将电缆管、电缆外皮或吊车轨道等作为电焊地线。在采用屏蔽电缆的变电站内施焊时，应用专用地线，且应在接地点5m范围内进行。

电焊导线不得靠近热源，且禁止接触钢丝绳或转动机械。电焊导线穿过道路应采取防护措施。

电焊作业台应可靠接地。在狭小或潮湿地点施焊时，应垫以木板或采取其他防止触电的措施，并设监护人。

电焊工宜使用反射式镜片，清除焊渣时应佩戴防护眼镜。

3.氩弧焊

作业前检查焊机电源线、引出线及各接点接触是否牢固，二次接地线禁止接在焊机壳体上。焊机接地线及焊接工作回路线不准搭接在易燃、易爆物品上，不准搭接在管道和电力、仪表保护套以及设备上。

氩弧焊作业场地应空气流通。作业中应开动通风排毒设备。通风装置失效时，应停止作业。氩弧焊应由专人操作开关。

防备和削弱高频电磁场影响的主要措施有：①工件良好接地，焊枪电缆和地线要用金属编织线屏蔽；②适当降低频率；③尽量不使用高频振荡器作为稳弧装置，减小高频电作用时间；④连续作业不得超过6h；⑤操作人员随时佩戴静电防尘口罩等其他个人防护用品。

氩弧焊时，由于臭氧和紫外线作用强烈，宜穿戴非棉布工作服（如耐酸呢、柞丝绸等）。在容器内焊接不能采用局部通风的情况下，可以采用送风式头盔、送风口罩或防毒口罩等个人防护用品。容器外应设人监护和配合。

在电弧附近禁止赤身和裸露其他部位，禁止在电弧附近吸烟、进食，以免臭氧、烟尘吸入体内。

若运行中出现各种异常，应立即关闭电源和气源。

磨钍钨极时应佩戴口罩、手套，并遵守砂轮机操作规程。

尽可能采用放射剂量极低的铈钨极。钍钨极和铈钨极加工时，应采用密封式或抽风式砂轮磨削，操作者应佩戴口罩、手套等个人防护用品，加工后要洗净手脸。钍钨极和铈钨极应放在铝盒内保存。避免由于大量钍钨棒集中在一起时，其放射性剂量超出安全规定而伤人。

氩气瓶不许撞砸，立放应有支架，并远离明火3m以上。当消除焊缝焊渣时，应佩戴防护眼镜，头部应避开敲击焊渣飞溅的方向。

作业完毕应关闭电焊机，再断开电源，清扫作业场地。

4.气焊与气割

气瓶运输、存放与使用气瓶运输前应旋紧瓶帽，应轻装轻卸，禁止抛、滑或碰击。

气瓶的搬运应使用专门的台架或手推车。

汽车装运时，氧气瓶应横向卧放，头部朝向一侧，并应垫牢，装载高度不得超过车厢高度；乙炔瓶应直立排放，车厢高度不得低于瓶高的2/3。气瓶押运人员应坐在司机驾驶室内，不得坐在车厢内。

车上禁止烟火，运输乙炔气瓶的车上应备有相应的灭火器具。易燃品、油脂和带油污的物品不得与氧气瓶同车运输。禁止氧气瓶与乙炔瓶同车运输。

气瓶应存放在通风良好的场所，禁止靠近热源或在烈日下曝晒。

气瓶存放处10m内禁止明火，禁止与易燃物、易爆物同间存放。

禁止与所装气体混合后能引起燃烧、爆炸的气瓶一起存放。乙炔气瓶存放时应保持直立，并应有防止倾倒的措施。

乙炔气瓶禁止放置在有放射性射线的场所，也不得放在橡胶等绝缘体上。

气瓶不得与带电物体接触。氧气瓶不得沾染油脂。

氧气瓶卧放时不宜超过5层，两侧应设立桩，立放时应有支架固定。气瓶的检验应按国家的相关规定进行检验。过期未经检验或检验不合格的气瓶禁止使用。使用中的氧气瓶与乙炔气瓶应垂直放置并固定起来，氧气瓶与乙炔气瓶的距离不得小于5m。

各类气瓶禁止不装减压器直接使用，禁止使用不合格的减压器。

气瓶瓶阀及管接头处不得漏气。应经常检查丝堵和角阀丝扣的磨损及锈蚀情况，发现损坏应立即更换。

乙炔气瓶的使用压力不得超过0.147MPa（1.5kgf/cm^2），输气流速每瓶不得超1.5～2m^3/h。

气瓶的阀门应缓慢开启。开启乙炔气瓶时应站在阀门的侧后方。

施工现场的乙炔气瓶应安装防回火装置。

气瓶应设置2个防振圈。

瓶阀冻结时禁止用火烘烤，可用浸40℃热水的棉布盖上使其缓慢解冻。

气瓶内的气体不得全部用尽，氧气瓶应留有0.2MPa（2kgf/cm^2）的剩余压力；乙炔气瓶应留有不低于表2-3规定的剩余压力。用后的气瓶应关紧其阀门并标注“空瓶”字样。

表2-3　乙炔气瓶内剩余压力与环境温度的关系

环境温度/℃	＜0	0～15	15～25	25～40
剩余压力/MPa	0.05	0.1	0.2	0.3

九、动火作业

动火作业是指能直接或间接产生明火的作业，包括熔化焊接、切割、喷枪、喷灯、钻孔、打磨、锤击、破碎、切削等。在防火重点部位或场所以及禁止明火区动火作业，应严格执行现行行业标准《电力设备典型消防规程》DL 5027的有关规定，填用动火工作票。

可以采用不动火的方法替代而能够达到同样效果时，尽量采用替代的方法处理。

动火区域中有条件拆下的构件，如油管、阀门等，应拆下来移至安全场所。尽可能地把动火时间和范围压缩到最低限度。凡盛有或盛过易燃易爆等化学危险物品的容器、设备、管道等生产、储存装置，在动火作业前应将其与生产系统彻底隔离，并进行清洗置换，检测可燃气体、易燃液体的可燃蒸气含量合格后，方可动火作业。

动火作业应有专人监护，动火作业前应清除动火现场及周围的易燃物品，或采取其他有效的防火安全措施，配备足够适用的消防器材。

动火作业现场的通排风应良好，以保证泄漏的气体能顺畅排走。

动火作业间断或终结后，应清理现场，确认无残留火种后，方可离开。

下列情况禁止动火作业：①压力容器或管道未泄压前；②存放易燃、易爆物品的容器未清洗干净前或未进行有效置换前；③风力达五级以上的露天作业；④喷漆现场；⑤遇有火险异常情况未查明原因和消除前。

十、季节性施工

1.夏季、雨汛期施工

雷雨季节前，应对建筑物、施工机械、跨越架等的避雷装置进行全面检查，并进行接地电阻测定。铁塔、构架、避雷针、避雷线一经安装应有接地装置。

暴雨发生时禁止施工作业。应对临建设施、脚手架、机电设备、电源线路等进行检查并及时修理加固。

对正在组装、吊装的构支架应确保地锚埋设和拉线固定牢靠，独立的构架组合应采用四面拉线固定。

2.冬季施工

应为作业人员配发防止冻伤、滑跌、雪盲及有害气体中毒等个人防护用品或采取相应措施，防寒服装等颜色宜醒目。

入冬之前，应对消防器具进行全面检查，对消防设施及施工用水外露管道，应做好保温防冻措施。

对取暖设施应进行全面检查。用火炉取暖时，应采取防止一氧化碳中毒的措施；加强用火管理，及时清除火源周围的易燃物；根据需要配备防风保暖帐篷、取暖器等防寒设施。

冬季坑、槽的施工方案中应根据土质情况制订边坡防护措施，施工中和化冻后要检查边坡稳定，出现裂缝、土质疏松或护坡桩变形等情况要及时采取措施。

施工现场禁止使用裸线；电线铺设要防砸、防碾压；防止电线冻结在冰雪之中；大风雪后，应对供电线路进行检查，防止断线造成触电事故。现场道路及脚手架、跳板和走道等，应及时清除积水、积霜、积雪并采取防滑措施。

施工机械设备的水箱、油路管道等润滑部件应经常检查，适季更换油材；油箱或容器内的油料冻结时，应采用热水或蒸汽化冻，禁止用火烤化。

用明火加热时，配备足量的消防器材，人员离场应及时熄灭火源。汽车及轮胎式机械在冰雪路面上行驶时应更换雪地胎或加装防滑链。

当环境温度低于-25℃时不宜进行室外施工作业，确需施工时，主要受力机具应将安全系数提高10%～20%。严寒季节采用工棚保温措施施工应遵守下列规定：

（1）使用锅炉作为加温设备，锅炉应经过压力容器设备检验合格。锅炉操作人员应经过培训合格、取证。

（2）工棚内养护人员不能少于两人，应有防止一氧化碳中毒、窒息的措施。

（3）采用苫布直接遮盖、用炭火养生的基础，加火或测温人员应先打开苫布通风，并测量一氧化碳和氧气浓度，达到符合指标时，才能进入基坑，同时坑上设置监护人。

在霜雪天气进行户外露天作业应及时清除场地霜雪，采取防冻、防滑措施。

十一、施工机械

1.一般规定

作业过程中，操作人员应严格遵循使用说明书规定的操作要求，禁止违章作业，不得擅自离开工作岗位或将机械交给其他无证人员操作。禁止无关人员进入作业区或操作室内。

机械作业前，操作人员应接受施工任务和安全技术措施交底。

机械的安全防护装置及监测、指示、仪表、报警等自动报警、信号装置应完好齐全。

新机、经过大修或技术改造的机械，应按出厂使用说明书的要求和有关现行国家标准进行测试和试运转，特殊机械还应按照有关要求到检测机构进行检测。

自制、改装、经过大修或技术改造的机具除应按现行行业标准《架空输电线路施工机具基本技术要求》DL/T 875的规定进行试验外，还应经鉴定合格后方可使用。

机械在寒冷季节使用，针对机械特点应做好防冻、防滑工作。

在机械产生对人体有害的气体、液体、尘埃、渣滓、放射性射线、振动、噪声等场所，应配置相应的安全防护设施和三废处理装置。

施工现场应消除对机械作业有妨碍或不安全的因素。夜间作业应设置充足的照明。

机械金属外壳应可靠接地。

2.夯实机械

夯实机械的操作扶手应绝缘，夯土机械开关箱中的剩余电流动作保护器应符合潮湿场所的要求。操作时，应按规定正确使用绝缘防护用品。

操作时，应一人打夯，一人调整电源线。电源线长度不应大于50m，夯实机前方不得站人，夯实机四周1m范围内不得有非操作人员。多台夯实机械同时工作时，其平列间距不得小于5m，前后间距不得小于10m。

3.混凝土及砂浆搅拌机

搅拌机应安置在坚实的地方，用支架或支脚筒架稳，不准以轮胎代替支撑。进料斗升起时，禁止任何人在料斗下通过或停留。作业完毕后应将料斗固定好。运转时，禁止将工具伸进滚筒内。现场检修时，应固定好料斗，切断电源。进入滚筒时，外面应有人监护。

作业完毕应将机械内外刷干净，并将料斗升起，挂牢双保险钩后，拉闸断电并锁好电箱门。

4.混凝土搅拌站

搅拌机应搭设能防风、防雨、防晒、防砸的防护棚，在出料口设置安全限位挡墙，操作平台设置应便于搅拌机操作人员操作。

采用自动配料机及装载机配合上料时，装载机操作人员要严格执行装载机的各项安全操作规程。搅拌机上料斗升起过程中，禁止在斗下敲击斗身。进料时不得将头、手伸入料斗与机架之间。

不得在皮带输送机运行过程中进行检修。皮带发生偏移等故障时，应停车排除故障。不得从运行中的皮带上跨越或从其下方通过。

清理搅拌斗下的砂石，应待送料斗提升并固定稳妥后方可进行。清扫闸门及搅拌器应在切断电源后进行。

作业后送料斗应收起，挂好双侧安全挂钩，切断电源，锁上电源箱。

5.混凝土切割机

使用前，应检查并确认电动机、电缆线均正常，保护接地良好，防护装置安全有效，锯片、砂轮等选用符合要求，安装正确。

启动后，应空载运转，检查并确认锯片运转方向正确，升降机构灵活，运转中无异常、异响，一切正常后，方可作业。

混凝土切割操作人员，在推操作切割机时，不得强行进刀。切割厚度应按机械出厂铭牌规定进行，不得超厚切割。混凝土切割时应注意力的变化，防止卡锯片等。

禁止在机体上以增加重物从而增大负荷的作业方式，来加快磨削速度。

6.除锈机

操作除锈机时应佩戴口罩和手套。

除锈应在钢筋调直后进行。操作时应将钢筋放平握紧，操作人员应站在钢丝刷的侧面。带钩的钢筋不得上机除锈。整根长钢筋除锈应由两人配合操作，互相呼应。

7.弯曲机

作业台和弯曲机台面要保持水平。

按加工钢筋的直径和弯曲半径的要求装好相应规格的芯轴、成型轴、挡铁轴，芯轴直径应为钢筋直径的2.5倍。挡铁轴应有轴套。

检查并确认芯轴、挡铁轴、转轴等无损坏和裂纹，防护罩紧固可靠。经空运转确认正常后方可作业。

挡铁轴的直径和强度不得小于被弯钢筋的直径和强度。不直的钢筋不得在弯曲机上弯曲。作业中不应更换轴芯、销子以及变换角度和调速，也不得进行清扫和加油。

8.电焊机

雨雪天不应露天电焊作业。在潮湿地带作业时，操作人员应站在绝缘物上方，并穿绝缘鞋。

移动电焊机时，应切断电源，不得用拖拉电缆的方法移动焊机。

9.点焊机

焊机应设在干燥的地方并放置平稳、牢固。焊机应可靠接地，导线应绝缘良好。

焊接操作时应佩戴防护眼镜及手套，并站在橡胶绝缘垫或干燥木板上。工作棚应用防火材料搭设，棚内不得堆放易燃、易爆物品，并应备有灭火器材。

10.对焊机

对焊机应安置于室内，并有可靠的接地（接零）。如多台对焊机并列安装时，间距不得少于3m，并应分别接在不同相位的电网上，分别有各自的断路器。

作业前，检查对焊机的压力机构应灵活，夹具应牢固，气、液压系统无泄漏，确认正常后，方可施焊。焊接较长钢筋时，应设置托架。配合搬运钢筋的操作人员在焊接时应注意防止火花烫伤。

对焊机开关的触点、电极（铜头）应定期检查维修。冷却水管应保持畅通，不得漏水或超过规定温度。

焊接操作时应佩戴防护眼镜及手套，并站在橡胶绝缘垫或干燥木板上。工作棚应用防火材料搭设，棚内不得堆放易燃、易爆物品，并应备有灭火器材。

11.高空作业吊篮

高处作业吊篮应按现行国家标准《高处作业吊篮》GB/T 19155的规定使用、试验、维护与保养。

吊篮安全锁应灵敏可靠，当吊篮平台下滑速度大于25m/min时，安全锁应在不超过100mm距离内自动锁住悬吊平台的钢丝绳；安全锁应在有效检定期内。

吊篮内作业人员的安全带应挂在保险绳上，保险绳单独设在建筑物牢固处。

遇有雷雨、大雪及五级以上大风时，不得使用吊篮。禁止夜间使用吊篮作业。

当吊篮在空中作业时，应把安全锁锁好。

吊篮升降应有统一的指挥信号（旗、笛、电铃等），做到指挥信号准确无误。信号不清，司机可拒绝作业。

作业完毕或暂停作业，吊篮应落到地面。

第三节 建筑工程

一、土石方施工

1.一般规定

在有电缆、光缆及管道等地下设施的地方开挖时，应事先取得有关管理部门的同意，并有相应的安全措施且有专人监护。

挖掘区域内如发现不能辨认的物品、地下埋设物、古物等，禁止擅自敲拆，应上报处理后方可继续施工。在深坑及井内作业应采取可靠的防塌措施，坑、井内的通风应良好。在作业中应定时检测是否存在有毒气体或异常现象，发现危险情况应立即停止作业，采取可靠措施后，方可恢复施工。

挖掘施工区域应设围栏及安全标志牌，夜间应挂警示灯，围栏离坑边不得小于0.8m。夜间进行土石方作业应设置足够的照明，并设专人监护。

基坑开挖施工过程应加强监测和预报，发现危险征兆时，应立即采取措施，处理完毕后方可继续施工。基坑应有可靠的扶梯或坡道，作业人员不得攀登挡土板支撑上下，不得在基坑内休息。堆土应距坑边1m以外，高度不得超过1.5m。寒冷地区基坑开挖应严格按规定放坡。解冻期施工，应对基坑和基础桩支护进行检查，无异常情况后，方可施工。

开挖边坡值应满足设计要求。无设计要求时，应符合表2-4的规定。

表2-4　各类土质的坡度

土质类别		坡度（深∶宽）
砂土		1∶1.25～1∶1.50
一般性黏土	硬	1∶0.75～1∶1.00

续表

土质类别		坡度（深：宽）
一般性黏土	硬、塑	1：1.00～1：1.25
	软	1：1.50或更缓
碎石类土	充填坚硬、硬塑黏性土	1：0.50～1：1.00
	充填砂土	1：1.00～1：1.50

注：如采用降水或其他加固措施，可不受本表限制，但应计算复核。

基坑（槽）开挖后，应及时进行地下结构、安装工程和基坑（槽）回填施工。回填时，应有防止坑外建筑物、设备基础、沟道、管线沉降、裂缝等情况出现的措施。

2.降排水

应制订施工区域临时排水方案，排水不得破坏相邻建（构）筑物地基和挖、填土石方边坡。基坑内外应设集水坑和排水沟，集水坑应每隔一定距离设置，排水沟应有一定坡度。

基坑边坡应进行防护，防止雨水侵蚀。开挖低于地下水位的基坑时，应合理选用降水措施。降水过程中，应对重要建筑物或公共设施进行监测。水泵等降排水设备使用前应经检查合格，确保其绝缘和密封性能良好。检查、移动水泵等降排水设备时，应可靠地切断电源。

井点降水应符合下列规定：①应制订井点降水施工方案；②冲、钻孔机操作时应安放平稳，防止机具突然倾倒或钻具下落；③已成孔尚未下井点管前，井孔应用盖板封严；④所用设备的安全性能应良好，水泵接管应牢固、卡紧。作业时不得将带压管口对准人体；⑤有车辆或施工机械通过的区域应对敷设的井点防护、加固；⑥降水完成时，应及时将井填实。

3.基坑支护

基坑支护应保证基坑周边建（构）筑物、地下管线、道路的安全使用和主体地下结构的施工空间。在坑沟边使用机械挖土时，应计算支撑强度，确保作业安全。支撑结构的施工应先撑后挖，更换支撑应先装后拆。基坑挖土时不得碰动支撑。支撑安装位置不得随意变更，并应使围檩与挡土桩墙结合紧密。挡土板或板桩与坑壁间的回填土应分层回填夯实。

安设固壁支撑时，支撑木板应严密靠紧于沟、槽、坑的两壁，并用支撑与支柱将其固定牢靠。固壁支撑所用木料不得腐坏、断裂，板材厚度不小于50mm，撑木直径不小于100mm。

锚杆支撑时，应合理布置锚杆的间距与倾角，锚杆上下间距不宜小于2m，水平间距不宜小于1.5m；锚杆倾角宜为15°～25°，且不应大于45°。最上一道锚杆覆土厚度不得小于4m。

钢筋混凝土支撑时，其强度达设计要求后，方可开挖支撑面以下土方。钢结构支撑时，应严格检验材料，不得在负载状态下进行焊接。

4.人工开挖

人工开挖基坑，应先清除坑口浮土，向坑外抛扔土石时，应防止土石回落伤人。当基坑深度达2m时，宜用取土器械取土，不得向坑外抛扔土。取土机械不得与坑壁刮擦。

应自上而下进行开挖，不得采用掏空倒挖的施工方法。不同深度的相邻基础应按先深后浅的施工顺序进行。挖掘作业人员之间，横向间距不得小于2m，纵向间距不得小于3m；坑底面积超过$2m^2$可由两人同时挖掘，但不得面对面作业。

人工撬挖土石方时应遵守下列规定：①边坡开挖时，应由上向下开挖，依次进行，不得上、下坡同时撬挖；②应先清除山坡上方浮土、石，土石滚落下方不得有人，并设专人监护；③人工打孔时，打锤人不得佩戴手套，并应站在扶钎人的侧面；④在悬岩陡坡上作业时，应设置防护栏杆并系安全带。

人工清理或装卸石方应遵守下列规定：①不便装运的大石块应劈成小块。用铁锲劈石时，操作人员间距不得小于1m。用锤劈石时，操作人员间距不得小于4m。操作人员应佩戴防护眼镜。②斜坡堆放弃土时，应采取安全措施。③用手推车、斗车或汽车卸渣时，车轮距卸渣边坡或槽边距离不得小于1m。

5.机械开挖

用凿岩机或风钻打孔时，操作人员应佩戴口罩和风镜，手不得离开钻把上的风门，更换钻头应先关闭风门。使用液压劈裂机进行胀裂作业时，手持部位应正确，不得接触活塞顶等活动部分。多台胀裂机同时作业时，应检查液压油管分路是否正确。采用大型机械挖掘土石方时，应对机械的停放、行走、运土石的方法与挖土分层深度等制订施工方案。

挖掘机开挖时应遵守下列规定：①应避让作业点周围的障碍物及架空线；②禁止人员进入挖斗内，禁止在伸臂及挖斗下面通过或逗留；③不得利用挖斗递送物件；④暂停作业时，应将挖斗放到地面；⑤挖掘机作业时，在同一基坑内不应有人员同时作业。

6.无声破碎

使用无声破碎剂进行无声爆破时，应在现场调制药剂，随调随灌，不得用手直接接触药剂。无声破碎剂在运输和存放中应做好防潮隔离措施，开封后应立即使用。禁止将无声破碎剂加水后装入小孔容器内。施工时，操作人员应佩戴防护眼镜，头（特别是眼睛）应偏离孔口，以防喷浆伤害。

施工中应依照厂家规定，控制抑制剂和促发剂的反应时间，并按其要求配制使用，禁止擅自在产品中加入其他化学物品。

操作完毕，直到被破物开裂前，被破物附近不得有人畜。

二、爆破施工

爆破施工单位应按规定取得相应资质，作业人员应取得相应资格，爆破器材均应符合国家标准。爆破工程应签订合同及安全协议，在国家批准的允许经营范围内施工。爆破工程应严格遵守现行国家标准《爆破安全规程》GB 6722的规定。

山区杆塔基础开挖，因岩石地质等需要使用爆破形式开挖基坑时，应选择具有相关资质的民爆公司实施，配合做好向当地公安部门申请、备案等工作。

三、脚手架施工

1.一般规定

施工用脚手架应符合国家、行业相关标准、规范的要求，荷重超过$3kN/m^2$或高度超过24m的脚手架应进行设计、计算，并经施工技术部门及安全管理部门审核、技术负责人批准后方可搭设。

脚手架安装与拆除人员应持证上岗，非专业人员不得搭拆脚手架。作业人员应佩戴安全帽、系安全带、穿防滑鞋。脚手架安装与拆除作业区域应设围栏和安全标示牌，搭拆作业库设专人安全监护，无关人员不得入内。

遇六级及以上大风、浓雾、雨或雪等天气时，应停止脚手架搭设与拆除作业。钢管脚手架应有防雷接地措施，整个架体应从立杆根部引设两处（对角）防雷接地。

金属脚手架附近有架空线路时，应满足表2-5对安全距离的要求。

表2-5　脚手架与带电体的最小安全距离

电压等级/kV	安全距离/m	
	沿垂直方向	沿水平方向
≤10	3.00	1.50
20～35	4.00	2.00
±50及以下	5.00	4.00
66～110	5.00	4.00
220	6.00	5.50
330	1.00	6.50
±400	8.50	8.00
500	8.50	8.00
±500	10.00	10.00
750	11.00	11.00

注：1. 50kV数据是按海拔2 000m校正的，其他等级数据按海拔1 000m校正。

2.表中未列电压等级按高一档电压等级的安全距离执行。

2.脚手架及脚手板选材

脚手架钢管宜采用ϕ48.3×3.5的钢管，横向水平杆最大长度不超过2.2m，其他杆最大长度不超过6.5m。禁止使用弯曲、压扁、有裂纹或已严重锈蚀的钢管。

脚手架扣件应符合现行国家标准《钢管脚手架扣件》GB 15831的规定，禁止使用有脆裂、变形或滑丝的扣件。冲压钢脚手板的材质应符合现行国家标准《碳素结构钢》GB/T 700中Q235-A级钢的规定。凡有裂纹、扭曲的，不得使用。木脚手板应用50mm厚的杉木或松木板制作，宽度以200～300mm为宜，长度以不超过6m为宜，凡腐朽、扭曲、破裂的，或有大横透节及多节疤的，不得使用。距板的两端80mm处应用镀锌铁丝箍绕2～3圈或用铁皮钉牢。

竹片脚手板的厚度不得小于50mm，螺栓孔不得大于10mm，螺栓应拧紧。竹片脚手板的长度以2.2～2.3m、宽度以400mm为宜。竹笆脚手板应按其主竹筋垂直于纵向水平杆方向铺设，四角应采用直径1.2mm镀锌铁丝固定在纵向水平杆上。

钢管立杆应设置金属底座或木质垫板，木质垫板厚度不小于50mm、宽度不小于200mm，且长度不少于2跨。

3.脚手架搭设

脚手架地基应平整坚实，回填土地基应分层回填、夯实，脚手架立杆垫板或底座底面标高应高于自然地坪50～100mm，确保立杆底部不积水。

脚手架与主体工程进度同步搭设，一次搭设高度不应超过相邻连墙件两步以上，每层作业面做到同步防护。搭设时从一个角部开始并向两边延伸交圈搭设。每搭设完一步脚手架后，应立即校正步距、纵距、横距及立杆的垂直度。

脚手架的立杆应垂直。应设置纵、横向扫地杆，并应按定位依次将立杆与纵、横向扫地杆连接固定。

立杆接长，顶层顶步可采用搭接，搭接长度不应小于1m，应采用不少于2个旋转扣件固定，端部扣件盖板的边缘至杆端距离不应小于100mm；其余各层应采用对接扣件连接。相邻立杆的对接扣件不得设置在同步内，同步内隔一根立杆的两个相隔接头在高度方向错开的距离不宜小于500mm。

纵向水平杆应用对接扣件接长，也可采用搭接。搭接长度不应小于1m，应等间距设置3个旋转扣件固定。采用对接时，纵向水平杆的对接扣件应交错布置，2根相邻纵向水平杆的接头不宜设置在同步或同跨内，不同步、不同跨的两相邻接头在水平方向错开的距离不应小于500mm。

双排脚手架应设置剪刀撑与横向斜撑。单排脚手架剪刀撑跨越立杆的角度及根数应按表2-6的规定确定。每道剪刀撑宽度不应小于4跨，且不应小于6m。当脚手架搭设高度达7m时，暂时无法设置连墙件，架体应架设抛撑杆。

表2-6 剪刀撑跨越立杆的最多根数

剪刀撑跨越立杆的最多根数	剪刀撑斜杆与地面的倾角/°
7	45
6	50
5	60

横向斜撑的设置应在同一节间，由底至顶层呈“之”字形连续布置；开口型双排脚手架的两端均应设置横向斜撑。

脚手板的铺设应遵守下列规定：①作业层、顶层和第一层脚手板应铺满、铺稳、铺实，作业层端部脚手板探头长度应取150mm，其板两端均应与支撑杆可靠固定，脚手板与墙面的间距不应大于150mm。②脚手板的搭接接头应在横向水平杆上，长度不得小于200mm；对接处应设两根横向水平杆，两根横向水平杆的间距不得大于300mm。③在架子上翻脚手板时，应由两人从里向外按顺序进行。作业时应系好安全带，下方应设安全网。

脚手架的外侧、斜道和平台应设1.2m高的护栏，0.6m处设中栏杆和不小于180mm高的挡脚板或设防护立网。临街或临近带电体的脚手架应采取封闭措施，架顶栏杆内侧的高度应低于外墙200mm。运料斜道宽度不应小于1.5mm，坡度不应大于1：6；人行斜道宽度不应小于1m，坡度不应大于1：3，斜道上按每隔250～300mm设置一根厚度为20～30mm的防滑木条（人行斜道也可采用其他材料及形式设置）。直立爬梯的梯档应用直角扣件连接牢固，踏步间距不得大于300mm。不得手中拿物攀登，不得在梯子上运送、传递材料及物品。

当建筑物墙壁有窗、门、穿墙套管板等孔洞时，应在该处脚手架架体内侧上下两根纵向水平杆之间架设防护栏杆。当脚手架内侧纵向水平杆离建筑物墙壁大于250mm时，应加纵向水平防护杆或架设木脚手板防护。

脚手架处于顶层连墙件之上的自由高度不得大于6m，当作业层高出其下连墙件2步或4m以上且其上尚无连墙件时，应采取适当的临时撑拉措施。

4.脚手架使用

脚手架搭设后应经使用单位和监理单位验收合格后方可使用，使用中应定期进行检查和维护。脚手架应每月进行一次检查，在大风暴雨、寒冷地区开冻后以及停用超过一个月时，应经检查合格后方可恢复使用。雨、雪后，上脚手架作业应有防滑措施，并应清除积水、积雪。

在脚手架上进行电、气焊作业时，应有防火措施并配备足够的消防器材和专人监护。

脚手架上不得固定泵送混凝土和砂浆的输送管等，不得悬挂起重设备或与模板支架连接，不得拆除或移动架体上安全防护设施。脚手架使用期间禁止擅自拆除剪刀撑以及主节点处的纵、横向水平杆、扫地杆、连墙件。

5.脚手架拆除

拆除脚手架应自上而下逐层进行，不得上下同时进行拆除作业。禁止先将连墙件整层或数层拆除后再拆脚手架，分段拆除高差不应大于两步，如高差大于两步，应增设连墙件加固。

当脚手架拆至下部最后一根长立杆的高度（约6.5m）时，应先在适当位置搭设临时抛撑加固后，再拆除连墙件。当脚手架采取分段、分立面拆除时，对不拆除的脚手架两端，应先按规定设置连墙件和横向斜撑加固。连墙件应随脚手架逐层拆除，拆除的脚手架管材及构配件不得抛掷。

四、混凝土施工

1.一般规定

混凝土工程施工方案应按规定进行审批、论证，进行安全技术交底，作业时并应严格作业票管理。材料场应按种类、规格、批次分开储存与堆放，砂石堆场应有适当的坡度，安全防护设施齐全规范。

夜间施工应有足够的照明，在深坑和潮湿地点施工应使用低压安全照明。

施工脚手架或作业平台、基坑边坡、安全防护设施等，发现异常情况及时处理。对体形复杂、跨度较大、地基情况复杂及施工环境条件特殊的混凝土结构，施工时应进行全过程监测。

2.模板工程

（1）模板安装。

模板的安装和拆除应符合相关标准规定。模板安装和拆除施工前应编制专项施工方案，高大模板支撑工程的专项施工方案应组织专家审查、论证。

在高处作业人员应从扶梯上下，不得在模板、支撑上攀登，不得在高处独木或悬吊式模板上行走。

模板支撑杆件的材质应能满足杆件的抗压、抗弯强度。支撑高度超过4m时，应采用钢支撑，不得使用锈蚀严重、变形、断裂、脱焊、螺栓松动的钢支撑。木杆支撑宜选用长料，同一柱的联结接头不宜超过2个。立柱不得使用腐朽、扭裂、劈裂的木、竹材。模板支架立杆底部应加设满足支撑承载力要求的垫板，不得使用砖及脆性材料铺垫。

模板支架应自成体系，不得与脚手架连接，支架的两端和中部应与建筑结构连接。满堂模板立杆除应在四周及中间设置纵、横双向水平支撑外，立杆高于4m的模板支架，其两端与中间每隔4排立杆，从顶层开始向下每隔2步设置一道水平剪刀撑。满堂模板支架四边与中间每隔4排支架立杆应设置一道纵向剪刀撑，由底至顶连续设置。

支设框架梁模板时，不得站在柱模板上操作，并不得在底模板上行走。

向坑槽内运送材料时，坑上、坑下应统一指挥，使用溜槽或绳索向下放料，不得抛掷。支设柱模板时，其四周应钉牢，操作时应搭设临时作业台或临时脚手架，独立柱或框架结构中高度较大的柱模板安装后应用缆风绳拉牢固定。

平台模板的预留孔洞应设维护栏杆，模板拆除后，应随时将洞口封闭。

安装钢模板，遇U形卡孔错位时，应调节或更换模板，不得猛锤、硬撬U形卡。支模过程中，如遇中途停歇，应将已就位的模板或支承联结稳定，不得有空架浮搁，模板在未形成稳定前，不得上人。地脚螺栓或插入式角钢应有固定支架，支架应牢固可靠。

模板调整找正要轻动轻移，严防模板滑落伤人；合模时逐层找正，逐层支撑加固，斜撑、水平撑应与补强管（木）可靠固定。

（2）模板拆除。

模板拆除应在混凝土达到设计强度后方可进行。拆模前应清除模板上堆放的杂物，在拆除区域划定并设警戒线，悬挂安全标志，设专人监护，非作业人员不得进入。拆模作业应按后支先拆、先支后拆，先拆侧模、后拆底模，先拆非承重部分、后拆承重部分的原则逐一拆除。

拆除较大跨度梁下支柱时，应先从跨中开始，分别向两端拆除。拆除多层楼板支柱时，应确认上部施工荷载不需要传递的情况下，方可拆除下部支柱。当水平支撑超过与两道以上时，应先拆除两道以上水平支撑，最下一道大横杆与立杆应同时拆除。模板拆除应逐次进行，由上向下先拆除支撑和本层卡扣，同时将模板送至地面，然后再拆除下层的支撑、卡扣、模板。不得采用猛撬、硬砸及大面积撬落或拉倒的方法。

钢模板拆除时，U形卡和L形插销应逐个拆卸，以防止整体塌落。拆除模板不得抛掷，应用绳索吊下或由滑槽、滑轨滑下。拆下的模板不得堆在脚手架或临时搭设的作业台上。

拆模模板应彻底，不得留有未拆除的悬空模板。作业人员在下班时，不得留下松动的或悬挂着的模板以及扣件、混凝土块等悬浮物。

拆下的模板应及时清理，所有朝天钉均拔除或砸平，不得乱堆乱放，禁止大量堆放在坑口边，应运到指定地点集中堆放。作业人员应佩戴工具袋，作业时将螺栓、螺帽、垫块、销卡、扣件等小物品放在工具袋内，后将工具袋吊下，不得抛掷。

高处拆除时，作业人员不得站在正在拆除的模板上。拆卸卡扣时应由两人在同一面模板的两侧进行。

3.钢筋工程

（1）钢筋搬运。

钢筋搬运、堆放应与电力设施保持安全距离，严防碰撞。搬运时应注意钢筋两端摆动，防止碰撞物体或打击人身。

多人抬运钢筋时，应有统一指挥，起、落、转、停等动作一致。人工上下垂直传递时，上下作业人员不得在同一垂直方向上，送料人员应站立在牢固平整的地面或临时建筑物上，接料人员应有防止前倾的措施，必要时应系安全带。

在建筑物平台或走道上堆放钢筋应分散、稳妥，堆放钢筋的总重量不得超过平台的允许荷重。

在使用吊车吊运钢筋时应绑扎牢固并设控制绳，钢筋不得与其他物件混吊。起吊安放钢筋笼应有专人指挥。先将钢筋笼运送到吊臂下方，吊点应设在笼上端，平稳起吊，专人拉好控制绳，不得偏拉斜吊。

（2）钢筋加工。

钢筋加工地应宽敞、平坦，工作台应稳固，照明灯具应加设网罩，并搭设作业棚，设置安全标志和安全操作规程。在焊机操作棚周围，不得堆放易燃物品，并应在操作部位配备一定数量的消防器材。

现场施工的照明电线及工器具电源线不准挂在钢筋上。使用齿口扳弯曲钢筋时，操作台应牢固可靠，操作人要用力均匀，防止扳手滑移或钢筋崩断伤人。使用调直机调直钢筋时，操作人员应与滚筒保持一定距离，不得佩戴手套操作。

钢筋调直到末端时，操作人员应避开，以防钢筋短头舞动伤人，短于2m或直径大于9mm的钢筋调直应低速加工。

使用钢筋弯曲机时，操作人员应站在钢筋活动端的反方向，弯曲小于400mm的短钢筋时，要防止钢筋弹出伤人。

使用切断机切断大直径钢筋时，应在切断机口两侧机座上安装两个角钢挡杆，防止钢筋摆动。切割短于400mm的短钢筋应用钳子夹牢，且钳柄不得短于500mm，不得直接用手把持。

钢筋冷拉直场地应设置防护围栏及安全标志。钢筋采用卷扬机冷拉直时，卷扬机及地锚应按最大工件所需牵引力计算，卷扬机布置应便于操作人员现场观察，前面应设防护挡板；或将卷扬机与作业方向成90°布置，并采用封闭式导向滑轮。

冷拉卷扬机使用前应检查钢丝绳是否完好，轧钳及特制夹头的焊缝是否良好，卷扬机刹车是否灵活，确认各部件良好后方可投入使用。钢筋冷拉直时，发现有滑动或其他异常情况，应先停止并放松钢筋后方可进行检修或更换配件。

冷拉卷扬机操作要求专人专管，作业完毕后切断电源方能离开。钢筋冷拉时沿线两侧2m范围内为危险区，一切人员和车辆不得通行。

（3）钢筋安装。

高处钢筋安装时，不得将钢筋集中堆放在模板或脚手架上，脚手架上不得随意放置工具、箍筋或短钢筋。深基坑内钢筋安装时，应在坑边设置安全围栏，坑边1m范围内禁止堆放材料和杂物。坑内使用的材料、工具禁止上下抛掷。

绑扎框架钢筋时，作业人员不得站在钢筋骨架上，不得攀登柱骨架上下。绑扎柱钢筋，不得站在钢箍上绑扎，不得将木料、管子等穿在钢箍内作脚手板。4m以上框架柱钢筋绑扎、焊接时，应搭设临时脚手架，不得依附立筋绑扎或攀登上下，柱子主筋应使用临时支撑或缆风绳固定。搭设的临时脚手架应符合脚手架相关规定。

框架柱竖向钢筋焊接应根据焊接钢筋的高度搭设相应的操作平台，平台应牢固可靠，周围及下方的易燃物应及时清理。作业完毕后应切断电源，检查现场，确认无火灾隐患后方可离开。

起吊预制钢筋骨架时，下方不得站人，待骨架吊至离就位点1m以内时方可靠近，就位并支撑稳固后方可摘钩。

在高处修整、扳弯粗钢筋时，作业人员应选好位置系牢安全带。在高处进行粗钢筋的校直和垂直交叉作业时应有安全保障措施。

向孔内下钢筋笼时，两人在笼侧面协助找正，对准孔口慢速下笼、到位固定，人员不得下孔摘除吊绳。

4.混凝土工程

（1）混凝土运输。

手推车运送混凝土时，装料不得过满，斜道坡度不得超过1∶6。卸料时，不得用力过猛和双手放把。用翻斗车运送混凝土，不得搭乘人员，车就位和卸料要缓慢。

采用吊罐运送混凝土时，钢丝绳、吊钩、吊扣应符合安全要求，连接牢固。吊罐转向、行走应缓慢，不得急刹车，吊罐下方不得站人。吊罐卸料时，罐底离浇灌面的高度不得超过1.2m，吊罐降落的作业平台应校核，确保稳固。

起重机械运送混凝土时，设专人指挥。起吊物应绑牢，吊钩悬挂点应与吊物的重心在同一垂直线上。起重机在作业中速度应均匀平稳。

泵送混凝土应符合下列规定：①支腿应支承在水平坚实的地面，支腿底部应与路面边缘保持一定的安全距离；②输送管线的布置应安装牢固，安全可靠，作业中管线不得摇晃、松脱；③泵启动时，人员禁止进入末端软管可能摇摆触及的危险区域；④建筑物边缘作业时，操作人员应站在安全位置，使用辅助工具引导末端软管，禁止站在建筑物边缘手握末端软管作业；⑤泵输送管线及臂架应与带电线路保持一定的安全距离。

（2）混凝土浇捣。

基坑口搭设卸料平台，平台平整牢固，应外低里高（5°左右坡度），并在沿口处设置高度不低于150mm的横木。

卸料时基坑内不得有人，不得将混凝土直接翻入基坑内。

浇筑中应随时检查模板、脚手架的牢固情况，发现问题，及时处理。投料高度超过2m时，应使用溜槽或串筒。串筒宜垂直放置，串筒之间连接牢固，串筒连接较长时，挂钩应予加固。不得攀登串筒进行清理。

振捣作业人员应穿好绝缘靴、戴好绝缘手套。搬动振动器或暂停作业应将振动器电源切断。不得将运行中的振动器放在模板、脚手架上。作业时不得使用振动器冲击或振动钢筋、模板及预埋件等。

浇筑框架、梁、柱、墙混凝土时，应架设脚手架或作业平台，不得站在梁或柱的模板、临时支撑上或脚手架护栏上操作。

在混凝土中掺加毛石、块石时，应按规定地点抛石或用溜槽溜放。块石不得集中堆放在已绑扎的钢筋或脚手架、作业平台上。

浇捣拱形结构应自两边拱脚对称同时进行，浇圈梁、雨棚、阳台应设置防护措施；浇捣料仓时，下口应先进行封闭，并铺设临时脚手架。

采用冷混凝土施工时，化学附加剂的保管和使用应有严格的管理制度，严防发生误食中毒事故。浇筑作业完成后，应及时清除脚手架上的混凝土余浆、垃圾，并不得随意抛掷、倾倒。

（3）混凝土养护。

预留孔洞、基槽等处应按规定设置盖板、围栏和安全标示牌。

蒸汽养护应设置防护围栏或安全标志；电热养护测温时应先停电；用炉火加热养护，人员进入前需先通风。采用炭炉保温时，棚内应配置足够的消防器材，人员进棚前，应采取通风措施，防止一氧化碳中毒。冬期养护阶段，禁止作业人员进棚内取暖，进棚作业应设专人在棚外监护。

混凝土养护人员不得在模板支撑上或在易塌落的坑边走动。

采用暖棚法时应遵守下列规定：①暖棚应经设计并绑扎牢固，所用保温材料应具有阻燃特性，施工中应经常检查并备有必要的消防器材；②地槽式暖棚的槽沟土壁应加固，以防冻土坍塌。

采用蒸汽加热法应遵守下列规定：①引用蒸汽作为热源时，应设减温减压装置并有压力表监视蒸汽压力；②室外部分的蒸汽管道应保温，阀门处应挂安全标志；③所有阀门的开闭及蒸汽压力的调整均应由专人操作；④采用喷气加热法时，应保持视线清晰；⑤使用蒸汽软管加热时，蒸汽压力不得高于0.049MPa；⑥只有在蒸汽温度低于40℃时，施工作业人员方可进入。

涂刷过氯乙烯塑料薄膜养护基础时，应有防火、防毒措施。

五、桩基施工

1.一般规定

作业场地应平整压实，软土地基地面应加垫路基箱或厚钢板，作业区域及泥浆池、污水池等应有明显标志或围栏。夜间施工应配置充足的照明。

作业时应设专人指挥、专人监护，指挥信号应明确。桩机操作人员应持证上岗，操作人员作业时不得擅离职守。

在邻近带电体作业时，应进行现场勘测，确保钻机、钢筋笼及吊装设备与带电体的安全距离。停止作业或移桩架时，应将桩锤放置最低点。不得悬吊桩锤进行检修。作业完毕应将打桩机停放在坚实平整的地面上，制动并楔牢，桩锤落下，切断电源。

配合钻机及附属设备作业的人员，应在钻机的回转半径以外作业，当在回转半径内作业时，应由专人协调指挥。机架较高的振动类、搅拌类桩机移动时，应采取防止倾覆的应急措施。

遇雷雨、六级及以上大风等恶劣天气应停止作业，并采取加设缆风绳、放倒机架等措施。

2.钻孔灌注桩基础

桩机放置应平稳牢靠，并有防止桩机移位或下陷的措施，作业时应保证机身不摇晃、不倾倒。孔顶应埋设钢护筒，其埋深不应小于1m。不得超负荷进钻。更换钻杆、钻头（钻锤）或放置钢筋笼、接导管时，应采取措施防止物件掉落孔里。

成孔后，孔口应用盖板保护，并设安全警示标志，附近不得堆放重物。

潜水钻机的电钻应使用封闭式防水电机，电机电缆不得破损、漏电。

应由专人收放进浆胶管。接钻杆时，应先停止电钻转动后提升钻杆。

作业人员不得进入没有护筒或其他防护设施的钻孔中工作。

3.人工挖孔桩基础

每日开工下孔前应检测孔内空气。当存在有毒、有害气体时，应首先排除，不得用纯氧进行通风换气。孔上下应有可靠的通话联络。孔下作业不得超过两人，每次不得超过2h；孔上应设专人监护。下班时，应盖好孔口或设置安全防护围栏。

孔内照明应采用安全矿灯或12V以下带罩防水、防爆灯具，且孔内电缆应有防磨损、防潮、防断等保护措施。

当孔深超过5m时，宜用风机或风扇向孔内送风不少于5min，排除孔内浑浊空气。孔深超过10m时，应有专用风机向孔内送风，风量不得少于25L/s。

在孔内上下递送工具物品时，不得抛掷，应采取措施防止物件落入孔内。人员上下应用软梯。与设计地质出现差异时，应停止挖孔，查明原因并采取措施后再进行作业。开挖桩孔应逐层进行，每层高度应严格按设计要求施工不得超挖。每节筒深的土方应当日挖完。

根据土质情况采取相应护壁措施防止塌方，第一节护壁应高于地面150～300mm，壁厚比下面护壁厚度增加100～150mm，便于挡土、挡水。

人力挖孔和绞磨提土操作应设专人指挥，并密切配合，绞架刹车装置应可靠。吊运土方时，孔内人员应靠孔壁站立。

提土斗应为软布袋或竹篮等轻型工具，吊运土不得满装，以防提升掉落伤人。使用的电动葫芦、吊笼等提土机械应安全可靠并配有自动卡紧保险装置。

挖出的土石方应及时运离孔口，不得堆放在孔口四周1m范围内，堆土高度不应超过1.5m。机动车辆的通行不得对井壁的安全造成影响。挖孔完成后，应当天验收，并及时将桩身钢筋笼就位和浇筑混凝土。暂停施工的孔口应设通透的临时网盖。

4.锚杆基础

钻机和空气压缩机操作人员与作业负责人之间的通信联络应清晰畅通。钻孔前应对设备进行全面检查；进出风管不得扭曲，连接应良好；注油器及各部螺栓均应紧固。钻机作业中如发生冲击声或机械运转异常时，应立即停机检查。

风管控制阀操作架应加装挡风护板，并应设置在上风向。吹气清洗风管时，风管端口不得对人。风管不得弯成锐角，风管遭受挤压或损坏时，应立即停止使用。

六、砖石砌体施工

不得站在墙身上进行砌砖、勾缝、检查大角垂直度及清扫墙面等作业，不得在墙身上行走。墙身砌体高度超过地坪1.2m以上时，应使用脚手架。不得用砖垛或灰斗搭设临时脚手架。采用里脚手架砌砖时，应布设外侧安全防护网。墙身每砌高4m，防护墙板或安全网即应随墙身提高。

用里脚手架砌筑突出墙面300mm以上的屋檐时，应搭设挑出墙面的脚手架进行施工。

脚手架上堆放的砖、石材料距墙身不得小于500mm，荷重不得超过3kN/m^2，砖侧放时不得超过三层。一块脚手板上不得有超过两人同时砌筑作业。

在高处砌砖时，应注意下方是否有人，不得向墙外砍砖。下班前应将脚手板及墙上的碎砖、灰浆清扫干净。

砂浆和砖用滑轮起吊时，不得碰撞脚手架，吊到位置后，应用铁钩向里拉至操作平台，不得直接用手拉拽吊绳。

采用井字架（升降塔）、门式架起吊砂浆及砖时，应明确升降联络信号。吊笼进出口处应设带插销的活动栏杆，吊笼到位后应采取防止坠落的安全措施。

往坑、槽内运石料应使用溜槽或吊运。卸料时，坑、槽内不得有人。修整石块时，应佩戴防护眼镜，两人不得面对面操作。

在脚手架上砌石，不得使用大锤。

七、装饰施工

装饰时，不得将梯子搁在楼梯或斜坡上作业。作业人员不得站在窗口上粉刷窗口四周的线脚。

顶棚抹灰宜搭设满堂脚手架。室内抹灰使用的工具性脚手架搭设应稳固。脚手板跨度不得大于2m，材料堆放不得过于集中，同一跨度内作业不得超过两人。

磨石工程应防止草酸中毒。使用磨石机应佩戴绝缘手套，穿胶靴。仰面粉刷应采取防止粉末等侵入眼内的防护措施。进行耐酸、防腐和有毒材料作业时，应保持室内通风良好，应加强防火、防毒、防尘和防酸碱的安全防护。机械喷浆的作业人员应佩戴防护用品。压力表、安全阀应灵敏可靠。输浆管各部接口应拧紧卡牢，管路应避免弯折。

输浆应严格按照规定的压力进行。发生超压或管道堵塞时，应在停机泄压后方可进行检修。

在吊顶内作业时，应搭设步道，非上人吊顶不得上人。吊顶内作业应使用安全电压照明。吊顶内焊接应按规定办理作业票，焊接地点不得堆放易燃物。

切割石材、瓷砖应采取防尘措施，操作人员应佩戴防护口罩。

当墙面刷涂料高度超过1.5m时，应搭设操作平台。

油漆使用后应及时封存，废料应及时清理。不得在室内用有机溶剂清洗工器具。涂刷作业中应采取通风措施，作业人员如感到头痛、恶心、心闷或心悸时，应立即停止作业并采取救护措施。

溶剂性防火涂料作业时，应按规定佩戴劳保用品，若皮肤沾上涂料应及时使用相应溶剂棉纱擦拭，再用肥皂和清水洗净。

化灰池的四周应设围栏，其高度不得小于1.2m，并设安全标志牌。

八、拆除施工

1.一般规定

开工前应对被拆除建筑物进行详细勘察，并编制专项安全施工方案，按规定审批后方可施工。

开工前应将建筑物上的各种力能管线切断或迁移。现场施工照明应另外设置配电线路。

拆除区域周围应设围栏并悬挂安全标志牌，派专人监护。无关人员和车辆不得通过或停留。

邻近带电体的拆除作业，应编制专项安全施工方案并报审批，应按规定办理相关手续。

拆除作业应采取降尘及减少有毒烟雾产生的措施。

2. 拆除

重要拆除工程应在技术负责人的指导下作业。多人拆除同一建筑物时，应指定专人统一指挥。

人工或机械拆除应自上而下、逐层分段进行，先拆除非承重结构，再拆除承重结构，不得数层同时拆除，不得垂直交叉作业，作业面的孔洞应封闭。当拆除某一部分时，应防止其他部分发生倒塌。

人工拆除建筑墙体时，不得采用掏掘或推倒方法。

在拆除与建筑物高度一致的水平距离内有其他建筑物时，不得采用推倒的方法。

建筑物的栏杆、楼梯及楼板等应与建筑物整体同时拆除，不得先行拆除。

拆除框架结构建筑时，应按楼板、次梁、主梁、柱子的顺序进行。建筑物的承重支柱及横梁，应待其所承担的结构全部拆除后方可拆除。对只进行部分拆除的建筑，应先将保留部分加固，再进行分离拆除。

拆除时，楼板上不应多人聚集或集中堆放拆除下来的材料。如所站位置不稳固或在2m以上的高处作业时，应系好安全带并挂在暂不拆除部分的牢固结构上。拆除轻型结构屋面时，不得直接踩在屋面上，应使用移动板或梯子，并将其上端固定牢固。地下建筑物拆除前，应将埋设的力能管线切断。如遇有毒气体管路，应由专业部门进行处理。对地下构筑物及埋设物采用爆破法拆除时，在爆破前应按其结构深度将周围的泥土全部挖除；留用部分或其靠近的结构应用沙袋加以保护，其厚度不得小于500mm。

用爆破法拆除建筑物部分结构时，应确保保留部分的结构完整。爆破后发现保留部分结构有危险征兆时，应立即采取安全措施。

3.现场清理

拆除后的坑穴应填平或设围栏，拆除物应及时清理。清理管道及容器时，应查明残留物性质，采取相应措施后方可进行。

现场清挖土方遇接地网及力能管线时，应及时向有关部门汇报，并做出妥善处理。

九、构支架施工

1.一般规定

现场钢构支架、水泥杆堆放不得超过三层，堆放地面应平整坚硬，杆段下面应多点支垫，两侧应掩牢。人力移动杆段时，应动作协调，滚动前方不得有人。杆段横向移动时，应及时将支垫处用木楔掩牢。利用棍、撬杠拨杆段时，应防止滑脱伤人。水泥杆不得利用铁撬棍插入预留孔转动杆身。

每根杆段应支垫两点，支垫处两侧应用木楔掩牢，防止滚动。

横梁、构支架组装时应设专人指挥，作业人员配合一致，防止挤伤手脚。

2.构支架搬运

钢构支架、水泥杆在现场倒运时，宜采用起重机械装卸，装卸时应控制杆段方向；装车后应绑扎、楔牢，防止滚动、滑脱，并不得采用直接滚动的方法卸车。

运输重量大、尺寸大、集中排组焊的钢管构架，车辆上应设置支撑物，且应牢固可靠。车辆行驶应平稳、缓慢。

构架摆好后应绑扎牢固，确保车辆行驶中架构不发生摇晃。

3.构支架吊装

吊装作业应制订专项施工方案，并经审查批准后方可进行施工。

固定构架的临时拉线应满足下列规定：①应使用钢丝绳，不得使用白棕绳等；②固定在同一个临时地锚上的拉线最多不超过两根。

吊装作业应有专人负责、统一指挥，各个临时拉线应设专人松紧，各个受力地锚应有专人看护。吊件离地面约100mm时，应停止起吊，全面检查确认无问题后，方可继续，起吊应平稳。吊装中引杆段进杯口时，撬棍应反撬。在杆根部楔铁（木）及临时拉线未固定好之前，不得登杆作业。起吊横梁时，在吊点处应对吊带或钢丝绳采取防磨损措施，并应在横梁两端分别系控制绳，控制横梁方位。横梁就位时，构架上的施工作业人员不得站在节点顶上；横梁就位后，应及时固定。二次浇灌混凝土未达到规定的强度时，不得拆除临时拉线。

构支架组立完成后，应及时将构支架进行接地。接地网未形成的施工现场，应增设临时接地装置。格构式构架柱吊装作业应严格按照专项施工方案选择吊点，并对吊点位置进行检查。

第四节　变电站内工作

一、电气装置安装通用规定

无论高压设备是否带电，工作人员不得单独移开或越过遮栏进行工作；若有必要移开遮栏时，必须有监护人在场，并符合表2-7的安全距离。

表2-7　设备不停电时的安全距离

电压等级/kV	安全距离/m
10及以下（13.8）	0.70
20、35	1.00
63（66）、110	1.50
220	3.00
330	4.00

注：表中未列电压按高一档电压等级的安全距离执行。

户外10kV及以上高压配电装置场所的行车通道上，应根据表2-8设置行车安全限高标志。

表2-8 车辆（包括装载物）外廓至无遮拦带电部分之间的安全距离

电压等级/kV	安全距离/m
10	0.95
35	1.15
110	1.65（1.75）
220	2.55

大型或超长设备组件的竖立应按照产品技术文件要求采用两处及以上吊点配合操作，产品特别许可采用直搬法竖立时，底部支撑点应垫实并采取防滑措施。

禁止攀登断路器、互感器、避雷器、高压套管等设备的绝缘套管。对经过带电运行和试验的电容器组充分放电后方可进行安装和试验。

在高压设备上工作，应至少由两人进行，并完成保证安全的组织措施和技术措施。

在电气设备上工作，保证安全的组织措施：①工作票制度；②工作许可制度；③工作监护制度；④工作间断、转移和终结制度。

工作许可手续完成后，工作负责人、专责监护人应向工作班成员交代工作内容、人员分工、带电部位和现场安全措施，进行危险点告知，并履行确认手续，装完工作接地线后，工作班方可开始工作。工作负责人、专责监护人应始终在工作现场。

所有工作人员（包括工作负责人）不许单独进入、滞留在高压室内和室外高压设备区内。

专责监护人不得兼做其他工作。专责监护人临时离开时，应通知被监护人员停止工作或离开工作现场，待专责监护人回来后方可恢复工作。若专责监护人必须长时间离开工作现场时，应由工作负责人变更专责监护人，履行变更手续，并告知全体被监护人员。

工作期间，工作负责人若因故暂时离开工作现场时，应指定能胜任的人员临时代替，离开前应将工作现场交代清楚，并告知工作班成员。原工作负责人返回工作现场时，也应履行同样的交接手续。若工作负责人必须长时间离开工作现场时，应由原工作票签发人变更工作负责人，履行变更手续，并告知全体工作人员及工作许可人。原、现工作负责人应做好必要的交接。

工作间断时，工作班人员应从工作现场撤出，所有安全措施保持不动，工作票仍由工作负责人执存，间断后继续工作，无需通过工作许可人。每日收工，应清扫工作地点，开放已封闭的通道，并将工作票交回运行人员。次日复工时，应得到工作许可人的许可，取回工作票，工作负责人必须重新认真检查安全措施是否符合工作票的要求，召开现场站班会后方可工作。若无工作负责人或专责监护人带领，作业人员不得进入工作地点。

当同一电气连接部分用同一工作票依次在几个工作地点转移工作时，全部安全措施由运行人员在开工前一次做完，不需再办理转移手续。但工作负责人在转移工作地点时，应向工作人员交代带电范围、安全措施和注意事项。

全部工作完毕后，工作班应清扫、整理现场。工作负责人应先周密地检查，待全体工作人员撤离工作地点后，再向运行人员交代所修项目、发现的问题、试验结果和存在的问题等，并与运行人员共同检查设备状况、状态，有无遗留物件、是否清洁等，然后在工作票上填明工作结束时间。经双方签名后，表示工作终结。

在电气设备上工作，保证安全的技术措施如下：①停电；②验电；③接地；④悬挂标示牌和装设遮栏（围栏）。上述措施由运行人员或有权执行操作的人员执行。

工作地点，应停电的设备如下：①检修的设备；②与工作人员在进行工作中正常活动范围的距离小于表2-9规定的设备；③在35kV及以下的设备处工作，安全距离虽大于表2-9规定，但小于表2-7规定，同时又无绝缘隔板、安全遮栏措施的设备；④带电部分在工作人员后面、两侧、上下，且无可靠安全措施的设备；⑤其他需要停电的设备。

表2-9　工作人员工作中正常活动范围与设备带电部分的安全距离

电压等级/kV	安全距离/m
10及以下（13.8）	0.35
20、35	0.60

续表

电压等级/kV	安全距离/m
63（66）、110	1.50
220	3.00
330	4.00
500	5.00

检修设备停电，应把各方面的电源完全断开（任何运行中的星形接线设备的中性点，应视为带电设备）。禁止在只经断路器（开关）断开电源的设备上工作。应拉开隔离开关（刀闸），手车开关应拉至试验或检修位置，应使各方面有一个明显的断开点，若无法观察到停电设备的断开点，应有能够反映设备运行状态的电气和机械等指示。与停电设备有关的变压器和电压互感器，应将设备各侧断开，防止向停电检修设备反送电。检修设备和可能来电侧的断路器（开关）、隔离开关（刀闸）应断开控制电源和合闸电源，隔离开关（刀闸）操作把手应锁住，确保不会误送电。

验电时，应使用相应的电压等级、合格的接触式验电器，在装设接地线或合接地刀闸（装置）处，对各相分别验电。验电前，应先在有电设备上进行试验，确证验电器良好；无法在有电设备上进行试验时，可用工频高压发生器等确证验电器良好。

高压验电应佩戴绝缘手套。验电器的伸缩式绝缘棒长度应拉足，验电时手应握在手柄处不得超过护环，人体应与验电设备保持表2-7中规定的距离。雨雪天气时不得进行室外直接验电。

对无法进行直接验电的设备、高压直流输电设备和雨雪天气时的户外设备，可以进行间接验电，即通过设备的机械指示位置、电气指示、带电显示装置、仪表及各种遥测、遥信等信号的变化来判断。判断时，应有两个及以上的指示，且所有指示均已同时发生对应变化，才能确认该设备已无电；若进行遥控操作，则应同时检查隔离开关（刀闸）的状态指示、遥测、遥信信号及带电显示装置的指示进行间接验电。

表示设备断开和允许进入间隔的信号、经常接入的电压表等，如果指示有电，则禁止在设备上工作。

装设接地线应由两人进行（经批准可以单人装设接地线的项目及运行人员除外）。

当验明设备确已无电压后，应立即将检修设备接地并三相短路。电缆及电容器接地前应逐相充分放电，星形接线电容器的中性点应接地，串联电容器及与整组电容器脱离的电容器应逐个多次放电，装在绝缘支架上的电容器外壳也应放电。

对于可能送电至停电设备的各方面都应装设接地线或合上接地刀闸（装置），所装接地线与带电部分应考虑接地线摆动时仍符合安全距离的规定。对于因平行或邻近带电设备导致检修设备可能产生感应电压时，应加装工作接地线或使用个人保安线，加装的接地线应登录在工作票上，个人保安线由工作人员自装自拆。

在门型构架的线路侧进行停电检修，如工作地点与所装接地线的距离小于10m，工作地点虽在接地线外侧，也可不另装接地线。

装设接地线应先接接地端，后接导体端，接地线应接触良好，连接应可靠。拆接地线的顺序与此相反。装、拆接地线均应使用绝缘棒和佩戴绝缘手套。人体不得碰触接地线或未接地的导线，以防止触电。带接地线拆设备接头时，应采取防止接地线脱落的措施。

成套接地线应使用有透明护套的多股软铜线组成，其截面不得小于25mm^2，同时应满足装设地点短路电流的要求。

禁止使用其他导线作接地线或短路线。接地线应使用专用的线夹固定在导体上，禁止用缠绕的方法进行接地或短路。禁止工作人员擅自移动或拆除接地线。

每组接地线均应编号，并存放在固定地点。存放位置也应编号，接地线号码与存放位置号码应一致。

在一经合闸即可送电到工作地点的断路器（开关）和隔离开关（刀闸）的操作把手上，均应悬挂“禁止合闸，有人工作！”的标示牌。

如果线路上有人工作，应在线路断路器（开关）和隔离开关（刀闸）操作把手上悬挂“禁止合闸，线路有人工作！”的标示牌。

在室内高压设备上工作，应在工作地点两旁及对面运行设备间隔的遮栏（围栏）上和禁止通行的过道遮栏（围栏）上悬挂“止步，高压危险！”的标示牌。

在室外高压设备上工作，应在工作地点四周装设围栏，其出入口要围至临近道路旁边，并设置“从此进出！”的标示牌。工作地点四周围栏上悬挂适当数量的“止步，高压危险！”标示牌，标示牌应朝向围栏里面。若室外配电装置的大部分设备停电，只有个别地点保留有带电设备而其他设备无触及带电导体的可能时，可以在带电设备四周装设全封闭围栏，围栏上悬挂适当数量的“止步，高压危险！”标示牌，标示牌应朝向围栏外面。禁止越过围栏。

在工作地点设置“在此工作！”的标示牌。

在室外构架上工作，则应在工作地点邻近带电部分的横梁上，悬挂“止步，高压危险！”的标示牌。在工作人员上下铁架或梯子上，应悬挂“从此上下！”的标示牌。在邻近其他可能误登的带电构架上，应悬挂“禁止攀登，高压危险！”的标示牌。

禁止工作人员擅自移动或拆除遮栏（围栏）、标示牌。因工作原因必须短时移动或拆除遮栏（围栏）、标示牌，应征得工作许可人同意，并在工作负责人的监护下进行。完毕后应立即恢复。

低压带电作业应设专人监护。

使用有绝缘柄的工具，其外裸的导电部位应采取绝缘措施，防止操作时相间或相对地短路。工作时，应穿绝缘鞋和全棉长袖工作服，并佩戴手套、安全帽和护目镜，站在干燥的绝缘物上进行。禁止使用锉刀、金属尺和带有金属物的毛刷、毛掸等工具。

高低压同杆架设，在低压带电线路上工作时，应先检查与高压线的距离，采取防止误碰带电高压设备的措施。在低压带电导线未采取绝缘措施时，工作人员不得穿越。在带电的低压配电装置上工作时，应采取防止相间短路和单相接地的绝缘隔离措施。

上杆前，应先分清相线、零线，选好工作位置。断开导线时，应先断开相线，后断开零线。搭接导线时，顺序应相反。人体不得同时接触两根线头。

任何人进入生产现场（办公室、控制室、值班室和检修班组室除外），应正确佩戴安全帽。

所有升降口、大小孔洞、楼梯和平台，应装设不低于1 050mm高的栏杆和不低于100mm高的护板。如在检修期间需将栏杆拆除时，应装设临时遮栏，并在检修结束时将栏杆立即装回。临时遮栏应由上、下两道横杆及栏杆柱组成。上杆离地高度为1 050～1 200mm，下杆离地高度为500～600mm，并在栏杆下边设置严密固定的高度不低于180mm的挡脚板。原有高度1 000mm的栏杆可不作改动。

变电站（生产厂房）内外的电缆，在进入控制室、电缆夹层、控制柜、开关柜等处的电缆孔洞，应使用防火材料严密封闭。在带电设备周围禁止使用钢卷尺、皮卷尺和线尺（夹有金属丝者）进行测量工作。在户外变电站和高压室内搬动梯子、管子等长物，应两人放倒搬运，并与带电部分保持足够的安全距离。在变、配电站（开关站）的带电区域内或临近带电线路处，禁止使用金属梯子。

机器的转动部分应装有防护罩或其他防护设备（如栅栏），露出的轴端应设置护盖，以防绞卷衣服。禁止在机器转动时，从联轴器（靠背轮）和齿轮上取下防护罩或其他防护设备。

变电站（生产厂房）外墙、竖井等处固定的爬梯，应牢固可靠，并设护笼，高百米以上的爬梯，中间应设置休息的平台，并应定期进行检查和维护。上爬梯应逐档检查爬梯是否牢固，上下爬梯应抓牢，不准两手同时抓一个梯阶。垂直爬梯宜设置人员上下作业的防坠安全自锁装置或速差自控器，并制订相应的使用管理规定。

所有电气设备的金属外壳均应有良好的接地装置，使用中不准将接地装置拆除或对其进行任何工作。

手持电动工器具如有绝缘损坏、电源线护套破裂、保护线脱落、插头插座裂开或有损于安全的机械损伤等故障时，应立即进行修理，在未修复前，不得继续使用。

遇有电气设备着火时，应立即将有关设备的电源切断，然后进行救火。消防器材的配备、使用、维护，消防通道的配置等应遵守现行行业标准《电力设备典型消防规程》DL 5027的规定。

工作场所的照明应该保证足够的亮度。在操作盘、重要表计、主要楼梯、通道、调度室、机房、控制室等地点，还应设置事故照明措施。现场的临时照明线路应相对固定，并经常检查、维修。照明灯具的悬挂高度不应低于2.5m，并不得任意挪动；低于2.5m时应设保护罩。

使用金属外壳的电气工具时应佩戴绝缘手套。

使用电气工具时，不准提着电气工具的导线或转动部分。在梯子上使用电气工具时，应做好防止感电坠落的安全措施。在使用电气工具工作中，因故离开工作场所或暂时停止工作以及遇到临时停电时，应立即切断电源。

不准在带有压力（液体压力或气体压力）的设备上或带电的设备上进行焊接。在特殊情况下需在带压和带电的设备上进行焊接时，应采取安全措施，并经本单位分管生产的领导（总工程师）批准。对承重构架进行焊接，应经过有关技术部门的许可。

禁止在油漆未干的结构或其他物体上进行焊接。

二、改、扩建工程

开工前，施工单位应编制施工区域与运行部分的物理和电气隔离方案，并经设备运维单位会审确认。

施工电源采用临时施工电源的按本章第一节的规定执行，当使用站内检修电源时，应经设备运维单位批准后在指定的动力箱内引出，不得随意变动。

1.变电站施工专业机具使用

（1）电动升降平台使用。电动升降平台应由经过培训的专人操作。

电动升降平台应有维护、保养记录，不得改动电动升降平台的控制回路。

电动升降平台的支撑防护应符合产品技术文件要求。

在电动升降平台上作业应使用安全带。

（2）滤油机、真空泵使用。

1）一般规定。设备使用现场应确定操作负责人，操作负责人应经过施工单位、相关机构或设备制造厂的专门培训。使用现场应配备设备的操作使用说明书或对应所使用设备而编制的操作手册。

所使用的设备应有维护、保养记录。

现场应制订防火措施，并按照规定配齐消防器材。

2）滤油机。滤油机及油系统的金属管道应采取防静电的接地措施。

滤油设备采用油加热器时，应先开启油泵，后投加热器；停机时操作顺序相反。

使用真空滤油机时，应严格按照制造厂提供的操作步骤进行。

压力式滤油机停机时，应先关闭油泵的进口阀门。

真空泵应润滑良好，冷却水流量应充足，冬季应有防冻措施，并由专人维护。

（3）叉车使用。叉车驾驶及操作人员应经过相关机构或设备制造厂的专门培训。

叉车应有产品检验合格证件，应有使用过程的维护、保养记录。叉车使用前应对行驶、升降、倾斜等机构进行检查。

叉车不得快速启动、急转弯或突然制动；在转弯、拐角、斜坡及弯曲道路上应低速行驶；倒车时，不得用紧急制动。叉车不得载人行驶。

叉车作业结束后，应关闭所有控制器，切断动力源，扳下制动闸，将货叉放至最低位置并取出钥匙或拉出联锁后方可离开。

（4）高架车使用。高架车驾驶及操作人员应经过相关机构或设备制造厂的专门培训。斗车上的作业人员需要经过专门培训认定后，方可在斗车上进行操作。

高架车应有产品检验合格证件，应有使用过程的维护、保养记录。

（5）利用吊车作为支撑点的高处作业平台使用。吊车检验合格证件及驾驶操作合格证件报审手续完备，合格证件在有效期内。

高处作业平台应参照现行国家标准《高空作业车》GB/T 9465和《高处作业吊篮》GB/T 19155的规定使用、试验、维护与保养。

利用吊车作为支撑点的高处作业平台应经计算、验证，并编制使用安全管理规定及操作规程，经施工单位技术负责人批准后方可使用。

利用吊车作为支撑点的高处作业平台使用时，操作人员除需具备驾驶操作合格证件外，还需要接受相关高处作业平台使用的技术交底并记录在案。

在高处作业平台上的作业人员应使用安全带。

2. 工作票

工作票负责人和工作票签发人应经过设备运维单位或由设备运维单位确认的其他单位培训合格，并报设备运维单位备案。

（1）下列情况应填用变电站第一种工作票：①需要高压设备全部停电、部分停电或做安全措施的工作；②在高压设备继电保护、安全自动装置和仪表、自动化监控系统等及其二次回路上工作，需将高压设备停电或做安全措施的工作；③通信系统同继电保护、安全自动装置等复用通道（包括载波、微波、光纤通道等）的检修、联动试验需将高压设备停电或做安全措施的工作；④在经继电保护出口跳闸的相关回路上工作，需将高压设备停电或做安全措施的工作。

（2）下列情况应填用变电站第二种工作票：①在高压设备区域工作，不需要将高压设备停电或做安全措施的工作；②继电保护装置、安全自动装置、自动化监控系统在运行中改变装置原有定值时不影响一次设备正常运行的工作；③对于连接电流互感器或电压互感器二次绕组并装在屏柜上的继电保护、安全自动装置上的工作，可以不停用所保护的高压设备或不需做安全措施的工作；④在继电保护、安全自动装置、自动化监控系统等及其二次回路，以及在通信复用通道设备上检修及试验工作，可以不停用高压设备或不需做安全措施的工作。

工作票由设备运维单位签发，也可由设备运维单位和施工单位签发人实行双签发，具体签发程序按照安全协议要求执行。

3.运行区域运输作业安全距离

进入改、扩建工程运行区域的交通通道应设置安全标志，站内运输安全距离应满足表2-10的规定。

表2-10 车辆（包括装载物）外廓至无围栏带电部分之间的安全距离

交流电压等级/kV	安全距离/m
10及以下	0.95
20	1.05
35	1.15
66	1.40
110	1.65（1.75）
220	2.55
330	3.25
500	4.55
750	6.70

注：1.括号内数字为110kV中性点不接地系统所使用。

2.750kV数据按海拔2 000m校正，其他电压等级数据按海拔1 000m校正。

3.表中未列电压等级按高一档电压等级的安全距离执行。

4.表中数据不适用于带升降操作功能的机械运输。

4.运行区域常规作业

在运行的变电站及高压配电室搬动梯子、线材等长物时，应放倒两人搬运，并应与带电部分保持安全距离。在运行的变电站手持非绝缘物件时不应超过本人的头顶，设备区内禁止撑伞。

在带电设备周围，禁止使用钢卷尺、皮卷尺和线尺（夹有金属丝者）进行测量作业，应使用相关绝缘量具或仪器进行测量。在带电设备区域内或邻近带电母线处，禁止使用金属梯子。

施工现场应随时固定或清除可能漂浮的物体。

在变电站（配电室）中进行扩建时，已就位的新设备及母线应及时完善接地装置连接。

5.运行区域设备及设施拆除作业

确认被拆的设备或设施不带电，并做好安全措施。不得破坏原有安全设施的完整性。防止因结构受力变化而发生破坏或倾倒。

拆除旧电缆时应从一端开始，不得在中间切断或任意拖拉。拆除有张力的软导线时应缓慢施放。弃置的动力电缆头、控制电缆头，除有短路接地外，应一律视为有电。

6.邻近带电体的作业

邻近带电体作业时，施工全过程应设专人监护。在平行或邻近带电设备部位施工（检修）作业时，为防护感应电压加装的个人保安接地线应记录在工作票上，并由施工作业人员自装自拆。

在330kV及以上电压等级的运行区域作业时，应采取防静电感应措施，例如穿戴相应电压等级的全套屏蔽服（包括帽、上衣、裤子、手套、鞋等，下同）或静电感应防护服和导电鞋等（220kV线路杆塔上作业时，宜穿导电鞋）；在±400kV及以上电压等级的直流线路单极停电侧进行作业时，应穿着全套屏蔽服。

7.施工机械作业安全距离

起重机、高空作业车和铲车等施工机械操作正常活动范围及起重机臂架、吊具、辅具、钢丝绳及吊物等与带电设备的安全距离不得小于表2-11的规定，且应设专人监护。

如小于表2-11、大于表2-7所示安全距离时，应制订机械操作和现场监控的专项安全措施，并经施工单位和运维部门会审、批准；小于表2-7中的安全距离时，应停电进行操作。

表2-11 施工机械操作正常活动范围与带电设备的安全距离

电压等级/kV	安全距离/m
10及以下	3.00
20、35	4.00
66、110	4.50
220	6.00
330	7.00
500	8.00
750	11.00

注：1.750kV数据按海拔2 000m校正，其他电压等级数据按海拔1 000m校正。

2.表中未列电压等级按高一档电压等级的安全距离执行。

8.改、扩建工程的专项作业

(1)运行区域户外施工作业。220kV及以上构架的拆除工程项目应编制专项安全施工方案。

在带电设备垂直上方的作业项目应编制专项安全施工方案，如采取防护隔离措施，防护隔离措施的绝缘等级和机械强度均应符合相应规定要求，且不得在雨、雪、大风等天气进行。

吊装断路器、隔离开关、电流互感器、电压互感器等大型设备时，应在设备底部捆绑控制绳，防止设备摇摆。

拆装设备连接线时，宜用升降车或梯子进行，拆掉后的设备连接线用尼龙绳固定，防止设备连接线摆动造成母线损坏。在母线和横梁上作业或新增设母线与带电母线靠近、平行时，母线应接地，并制订严格的防静电措施，作业人员应穿戴静电感应防护服或屏蔽服作业。

采用升降车作业时，应两人进行，一人作业，另一人监护，升降车应可靠接地。

拆挂母线时，应有防止钢丝绳和母线弹到邻近带电设备或母线上的措施。

(2)运行区域室内作业。拆装盘、柜等设备时，作业人员应动作轻慢，防止振动，与运行盘、柜相连固定时，不应敲打盘、柜。

在室内动用电焊、气焊等明火时，除按规定办理动火工作票外，还应制订完善的防火措施，设置专人监护，配备足够的消防器材，所用的隔板应是防火阻燃材料。

（3）运行或部分带电盘、柜内作业。应了解盘内带电系统的情况，并进行相应的运行区域和作业区域标识。安装盘上设备时，应穿工作服、佩戴工作帽、穿绝缘鞋或站在绝缘垫上，使用绝缘工具，整个过程应有专人监护。

二次接线时，应先接新安装盘、柜侧的电缆，后接运行盘、柜侧的电缆，在运行盘、柜内作业时接线人员应避免触碰正在运行的电气元件。

在已运行或已装仪表的盘上补充开孔前应编制专项施工措施，开孔时应防止铁屑散落到其他设备及端子上。对邻近由于振动可引起误动的保护应申请临时退出运行。

进行盘、柜上小母线施工时，作业人员应做好相邻盘、柜上小母线的防护作业，新装盘的小母线在与运行盘上的小母线接通前，应有隔离措施。

二次接线及调试时所用的交、直流电源应接在经设备运维单位批准的指定接线位置，作业人员不得随意接取。

电烙铁使用完毕后不得随意乱放，以免烫伤运行的电缆或设备。

（4）运行盘、柜内与运行部分相关回路搭接作业。与运行部分相关回路电缆接线的退出及搭接作业应编制专项安全施工方案，并通过设备运维单位会审确认，安全技术交底内容应落实到每个接线端子上。

拆盘、柜内二次电缆时，作业人员应确定所拆电缆确实已退出运行，应用验电笔或表计测量确认后方可作业。拆除的电缆端头应采取绝缘防护措施。

剪断电缆前，应与电缆走向图纸核对相符，并确认电缆两头接线脱离无电后方可作业。

第五节　线路施工

一、杆塔工程

1.一般规定

作业人员应熟悉施工区域内的环境。组立或者拆、换杆塔时应设专责监护人，施工过程中应有专人指挥，信号统一，口令清晰，统一行动。组塔作业区域应设置提示遮栏等明显安全警示标志，非作业人员不得进入作业区。组立220kV及以上电压等级线路的杆塔时，不得使用木抱杆。

临时地锚设置应遵守下列规定：①组塔应设置临时地锚（含地锚和桩锚），锚体强度应满足相连接的绳索的受力要求。②钢制锚体的加强筋或拉环等焊接缝有裂纹或变形时应重新焊接，木质锚体应使用质地坚硬的木料。发现有虫蛀、腐烂变质者禁止使用。③采用埋土地锚时，地锚绳套引出位置应开挖马道，马道与受力方向应一致。④采用角铁桩或钢管桩时，一组桩的主桩上应控制一根拉绳。⑤临时地锚应采取避免被雨水浸泡的措施。⑥不得利用树木或外露岩石等承力大小不明的物体作为主要受力钢丝绳的地锚。⑦地锚埋设应设专人检查验收，回填土层应逐层夯实。

组塔作业前应遵守下列规定：①应清除影响组塔的障碍物，如无法清除时应采取其他安全措施。②应检查抱杆正直、焊接、铆固、连接螺栓紧固等情况，判定合格后方可使用。③吊件螺栓应全部紧固，吊点绳、承托绳、控制绳及内拉线等绑扎处受力部位，不得缺少构件。④高度为80m及以上的铁塔组立前，应了解铁塔组立期间的当地气象条件，避开恶劣天气。

组塔过程中应遵守下列规定：①吊件垂直下方不得有人。②在受力钢丝绳的内角侧不得有人。③禁止在杆塔上有人时，通过调整临时拉线来校正杆塔倾斜或弯曲。④分解组塔过程中，塔上与塔下人员通信联络应畅通。⑤钢丝绳与金属构件绑扎处应衬垫软物。⑥组装杆塔的材料及工器具禁止浮搁在已立的杆塔和抱杆上。⑦组立的杆塔不得用临时拉线固定过夜。需要过夜时，应对临时拉线采取安全措施。⑧攀登高度80m以上铁塔宜沿有护笼的爬梯上下，如无爬梯护笼时，应采用绳索式安全自锁器沿脚钉上下。⑨铁塔高度大于100m时，组立过程中抱杆顶端应设置航空警示灯或红色旗号。⑩铁塔组立过程中及电杆组立后，应及时与接地装置连接。⑪杆塔的临时拉线应在永久拉线全部安装完毕后方可拆除，拆除时应由现场指挥人统一指挥。禁止安装一根永久拉线随即拆除一根临时拉线。⑫铁塔组立后，地脚螺栓应随即加垫板并拧紧螺帽及打毛丝扣。⑬拆除抱杆应采取防止拆除段自由倾倒的措施，且宜分段拆除。不得提前拧松或拆除部分抱杆分段连接螺栓。

对于线路专用货运索道应遵守下列规定：①索道的设计、安装、检验、运行、拆卸应严格遵守国家现行标准《货运架空索道安全规范》GB 12141、《架空索道工程技术标准》GB 50127、《电力建设安全工作规程　第2部分：电力线路》DL 5009.2及有关技术规定。②索道设备出厂时应按有关标准进行严格检验，并出具合格证书。③索道架设应按索道设计运输能力、选用的承力索规格、支撑点高度和高差、跨越物高度、索道档距精确计算索道架设弛度，架设时严格控制弛度误差范围。④索道料场支架处应设置限位装置，低处料场及坡度较大的支架处宜设置挡止装置。⑤索道架设完成后，需经使用单位和监理单位安全检查验收合格后才能投入试运行，索道试运行合格后，方可运行。⑥索道架设后应在各支架及牵引设备处安装临时接地装置。⑦索道运行速度应根据所运输物件的重量，调整发动机转速，最高运行速度不宜超过10m/min。载重小车通过支架时，牵引速度应缓慢，通过支架后方可正常运行。运行时发现有卡滞现象应停机检查。对于任一监护点发出的停机指令，均应立即停机，等查明原因且处理完毕后方可继续运行。⑧牵引设备卷筒上的钢索至少应缠绕5圈。

牵引设备的制动装置应经常检查，保持有效的制动力。索道运行过程中不得有人员在承重索下方停留。待驱动装置停机后，装卸人员方可进入装卸区域作业。⑨索道禁止超载使用，禁止载人。⑩遇有雷雨、五级及以上大风等恶劣天气时不得作业。

2.钢筋混凝土电杆排杆

滚动杆段时，滚动前方不应有人。杆段顺向移动时，应随时将支垫处用木楔掩牢。用棍、杠撬拨杆段时，应防止其滑脱伤人。不得用铁撬棍插入预埋孔转动杆段。排杆处地形不平或土质松软，应先平整或支垫坚实，必要时杆段应用绳索锚固。

杆段应支垫两点，支垫处两侧应用木楔掩牢。

作业点周围5m内的易燃易爆物应清除干净。

对两端封闭的钢筋混凝土电杆，应先在其一端凿排气孔，然后施焊，焊接结束应及时采取防腐措施。

3.杆塔组装

组装构件连接对孔时，禁止将手指伸入螺孔找正。传递工具及材料不得抛掷。组装断面宽大的塔片，在竖立的构件未连接牢固前应采取临时固定措施。

分片组装铁塔时，所带辅材应能自由活动。辅材挂点螺栓的螺帽应露扣。辅材自由端朝上时应与相连构件进行临时捆绑固定。

抱杆使用应遵守下列规定：①抱杆规格应根据荷载计算确定，不得超负荷使用。搬运、使用中不得抛掷和碰撞。②抱杆连接螺栓应按规定使用，不得以小代大。③金属抱杆整体弯曲不得超过杆长的1/600，局部弯曲严重、磕瘪变形、表面腐蚀、裂纹或脱焊的不得使用。④抱杆帽或承托环表面有裂纹、螺纹变形或螺栓缺少的不得使用。

山地铁塔地面组装时应遵守下列规定：①塔材不得顺斜坡堆放。②选料应由上往下搬运，不得强行拽拉。③山坡上的塔片垫物应稳固，且应有防止构件滑动的措施。④组装管形构件时，构件间未连接前应采取防止滚动的措施。

塔上组装应遵守下列规定：①多人组装同一塔段（片）时，应由一人负责指挥。②高处作业人员应站在塔身内侧或其他安全位置，且安全防护用具已设置可靠后方准作业。③需要地面人员协助操作时，应经现场指挥人下达操作指令。④塔片就位时应先低侧后高侧，主材与侧面大斜材未全部连接牢固前，不得在吊件上作业。

4.倒落式人字抱杆整体组立杆塔

杆塔起吊前，现场指挥人应检查现场布置情况。各岗位作业人员应检查各自操作项目的布置情况。

指挥人员应站在能够观察到各个岗位的位置，但不得站在总牵引地锚受力的前方。

杆塔侧面应设专人监视，传递信号应清晰畅通。电杆根部监视人应站在杆根侧面，下坑操作前应停止牵引。总牵引地锚出土点、制动系统中心、抱杆顶点及杆塔中心四点应在同一垂直面上，不得偏移。

人字抱杆的根部应保持在同一水平面上，并用钢丝绳连接牢固。

抱杆支立在松软土质处时，其根部应有防沉措施。抱杆支立在坚硬或冰雪冻结的地面上时，其根部应有防滑措施。抱杆受力后发生不均匀沉陷时，应及时进行调整。

起立抱杆用的制动绳锚在杆塔身上时，应在杆塔刚离地面后及时拆除。

杆塔两侧及后方应设置临时拉线，并依据指挥人指令及时调整。杆塔顶部吊离地面约500mm时，应暂停牵引，进行冲击试验，全面检查各受力部位，确认无问题后方可继续起立。抱杆脱帽绳应穿过脱帽环由专人控制其脱落。抱杆脱帽时，杆塔应及时带上反向临时拉线（即后方临时拉线），并应随电杆起立适度放出。杆塔起立角约70°时应减慢牵引速度，约80°时应停止牵引，利用临时拉线将杆塔调正、调直。

Ⅱ形电杆起立前应挖马道，两杆马道的深度和坡度应一致。

无叉梁或无横梁的门型杆塔起立时，应在吊点处进行补强。

带拉线的转角杆塔起立后，在安装永久拉线的同时，应在内角侧设置半永久性拉线，该拉线应在架线结束后拆除。整体组立铁塔时，其根部应安装塔脚铰链。铰链应转动灵活，强度应符合施工设计要求。

用两套倒落式抱杆同时起立门型杆塔时，现场布置和工器具配备应基本相同，两套系统的牵引速度应基本一致。

邻近带电体整体组立杆塔的最小安全距离应大于倒杆距离，并采取防感应电的措施。

5.分解组立钢筋混凝土电杆

分解组立钢筋混凝土电杆宜采用人字抱杆任意方向单扳法。

采用通天抱杆起吊单杆时，电杆长度不宜超过21m，电杆绑扎点不得少于2个。

电杆的临时拉线数量：单杆不得少于4根，双杆不得少于6根。

抱杆的临时拉线设置不得妨碍电杆及横担的吊装。若为门型杆时，先立一根电杆的拉线不得妨碍待立电杆和横担的吊装。抱杆及电杆的临时拉线绑扎及锚固应牢固可靠，起吊前应经指挥人或专责监护人检查。

横担吊装未达到设计位置前，杆上不得有人。电杆立起后，临时拉线在地面未固定前，不得登杆作业。

6.附着式外拉线抱杆分解组塔

升降抱杆过程中，四侧临时拉线应由拉线控制人员根据指挥人命令适时调整。抱杆到达预定位置后，应将抱杆根部与塔身主材绑扎牢固。抱杆倾斜角不宜超过15°。

起吊构件前，吊件外侧应设置控制绳。吊装构件过程中，应对抱杆的垂直度进行监视，吊件控制绳应随吊件的提升均匀松出。构件起吊和就位过程中，不得调整抱杆拉线。

7.内悬浮内（外）拉线抱杆分解组塔

承托绳的悬挂点应设置在有大水平材的塔架断面处，若无大水平材时应验算塔架强度，必要时应采取补强措施。

承托绳应绑扎在主材节点的上方。承托绳与主材连接处宜设置专门夹具，夹具的握着力应满足承托绳的承载能力。承托绳与抱杆轴线间夹角不应大于45°。抱杆内拉线的下端应绑扎在靠近塔架上端的主材节点下方。提升抱杆宜设置两道腰环，且间距不得小于5m，以保持抱杆的竖直状态。构件起吊过程中抱杆腰环不得受力。

应视构件结构情况在其上、下部位绑扎控制绳，下控制绳（也称攀根绳）宜使用钢丝绳。构件起吊过程中，下控制绳应随吊件的上升随之松出，保持吊件与塔架间距不小于100mm。

抱杆长度超过30m以上一次无法整体起立时，多次对接组立应采取倒装方式，禁止采用正装方式对接组立悬浮抱杆。

8.座地摇（平）臂抱杆分解组塔

抱杆组装应正直，连接螺栓的规格应符合规定，并应全部拧紧。

抱杆应坐落在坚实稳固平整的地基或设计规定的基础上，若为软弱地基时应采取防止抱杆下沉的措施。

提升（顶升）抱杆时，不得少于两道腰环，腰环固定钢丝绳应呈水平并收紧，同时应设专人指挥。摇臂的中部位置或非吊挂滑车位置不得悬挂起吊滑车或其他临时拉线。

停工或过夜时，应将起吊滑车组收紧在地面固定。禁止悬吊构件在空中停留过夜。

抱杆采取单侧摇臂起吊构件时，对侧摇臂及起吊滑车组应收紧作为平衡拉线。

吊装构件前，抱杆顶部应向受力反侧适度预倾斜。构件吊装过程中，应对抱杆的垂直度进行监视，抱杆向吊件侧倾斜不宜超过100mm。无拉线摇臂抱杆不宜双侧同时起吊构件，若双侧起吊构件应设置抱杆临时拉线。抱杆提升过程中，应监视腰环与抱杆不得卡阻，抱杆提升时拉线应呈松弛状态。抱杆就位后，四侧拉线应收紧并固定，组塔过程中应有专人值守。

平臂抱杆组塔应遵守下列规定：①抱杆各部件间应连接牢固，并设置附着和配重。②抱杆应用良好的接地装置，接地电阻不得大于4Ω。③构件应组装在起重臂下方，且符合起重臂允许起重力矩要求。④应配置力矩、风速等监控装置，作业前检查应处于正常状态。⑤起重小车行走到起重臂顶端，终止点距顶端应大于1m。

9.流动式起重机组塔

指挥人员看不清作业地点或操作人员看不清指挥信号时，均不得进行起吊作业。

起重机作业位置的地基应稳固，附近的障碍物应清除。

吊装铁塔前，应对已组塔段（片）进行全面检查。吊件离开地面约100mm时，应暂停起吊并进行检查，确认正常且吊件上无搁置物及人员后方可继续起吊，起吊速度应均匀。

分段吊装铁塔时，上下段间有任一处连接后，不得用旋转起重臂的方法进行移位找正。分段（片）吊装铁塔时，控制绳应随吊件同步调整。

起重机在作业中出现异常时，应采取措施放下吊件，停止运转后进行检修，不得在运转中进行调整或检修。

在电力线附近组塔时，起重机应接地良好。起重机及吊件、牵引绳索和拉绳与带电体的最小安全距离应符合表2-12的规定。

表2-12　起重机及吊件、牵引绳索和拉绳与带电体的安全距离

电压等级/kV	安全距离/m	
	沿垂直方向	沿水平方向
≤10	3.00	1.50
20～35	4.00	2.00
66～110	5.00	4.00
220	6.00	5.50
330	1.00	6.50
500	8.50	8.00
750	11.00	11.00
1 000	13.00	13.00
±50及以下	5.00	4.00
±400	8.50	8.00

续表

电压等级/kV	安全距离/m	
	沿垂直方向	沿水平方向
±500	10.00	10.00
±660	12.00	12.00
±800	13.00	13.00

注：1.750kV数据是按海拔2 000m校正的，其他等级数据按海拔1 000m校正。

2.表中未列电压等级按高一档电压等级的安全距离执行。

使用两台起重机抬吊同一构件时，起重机承担的构件重量应考虑不平衡系数后且不应超过单机额定起吊重量的80%。两台起重机应互相协调，起吊速度应基本一致。

起重臂下和重物经过的地方禁止有人逗留或通过。

10.杆塔拆除

不得随意整体拉倒杆塔或在塔上有导线、地线的情况下整体拆除。

采用新塔拆除旧塔或用旧塔组立新塔时，应对旧塔进行检查，必要时应采取补强措施。

杆塔拆除应根据现场地形、交跨情况确定拆塔方案，并应遵守下列规定：①分解拆除铁塔时，应按照组塔的逆顺序操作，先将待拆构件受力后，方准拆除连接螺栓。②整体倒塔时应有专人指挥，设立1.2倍倒杆距离警戒区，由专人巡查监护，明确倒杆方向。③拉线塔拆除时应先将原永久拉线更换为临时拉线再进行拆除作业。

拆除杆塔的受力构件前应转换构件承力方式或对其进行补强。

二、架线工程

1.跨越架搭设与拆除

（1）一般规定。跨越架的搭设应有搭设方案或施工作业指导书，并经审批后办理相关手续。跨越架搭设前应进行安全技术交底。

搭设或拆除跨越架应设专责监护人。

跨越架架体的强度应能在发生断线或跑线时承受冲击荷载。跨越架应采取防倾覆措施。

搭设跨越架应事先与被跨越设施的产权单位取得联系，必要时应请其派员监督检查。

跨越架的中心应在线路中心线上，宽度应考虑施工期间牵引绳或导地线风偏后超出新建线路两边线各2.0m，且架顶两侧应设外伸羊角。

跨越架与铁路、公路及通信线的最小安全距离应符合表2–13的规定。跨越架与高速铁路的最小安全距离应符合表2–14

的规定。

表2-13　跨越架与被跨越物的最小安全距离

跨越架部位	跨越物名称			
	一般铁路	一般公路	高速公路	通信线
与架面水平距离/m	至铁路轨道：2.5	至路边：0.6	至路基（防护栏）：2.5	0.6
与封顶杆垂直距离/m	至轨顶：6.5	至路面：5.5	至路面：8.0	1.0

表2-14　跨越架与高速铁路的最小安全距离

安全距离		高速铁路
水平距离/m	架面距铁路附加导线	不小于7m且位于防护栅栏外
垂直距离/m	封顶网（杆）距铁路轨顶	不小于12m
	封顶网（杆）距铁路电杆顶或距导线	不小于4m

跨越架横担中心应设置在新架线路每相（极）导线的中心垂直投影上。各类型金属格构式跨越架架顶应设置挂胶滚筒或挂胶滚动横梁。跨越架上应悬挂醒目的警告标志及夜间警示装置。

跨越架应经现场监理及使用单位验收合格后方可使用。

强风、暴雨过后应对跨越架进行检查，确认合格后方可使用。

跨越公路的跨越架应在公路前方距跨越架适当距离设置提示标志。

（2）使用金属格构式跨越架应遵守下列规定：①新型金属格构式跨越架架体应经荷载试验，具有试验报告及产品合格证后方可使用。②跨越架架体宜采用倒装分段组立或起重机整体组立。③跨越架的拉线位置应根据现场地形情况和架体组立高度确定。跨越架的各个立柱应有独立的拉线系统，立柱的长细比一般不应大于120。④采用提升架提升跨越架架体时，应控制拉线并用经纬仪监测调整垂直度。

（3）使用悬索跨越架应遵守下列规定：①悬索跨越架的承载索应用纤维编织绳，其综合安全系数在事故状态下不应小于6，钢丝绳不应小于5。拉网（杆）绳、牵引绳的安全系数不应小于4.5。网撑竿的强度和抗弯能力应根据实际荷载要求，安全系数不应小于3。承载索悬吊绳安全系数不应小于5。②承载索、循环绳、牵网绳、支承索、悬吊绳、临时拉线等的抗拉强度应满足施工设计要求。③绝缘绳、网使用前应进行外观检查，绳、网有严重磨损、断股、污秽及受潮时不得使用。④可能接触带电体的绳索使用前均应经绝缘测试并合格。⑤绝缘网宽度应满足导线风偏后的保护范围。绝缘网伸出被保护的电力线外长度不得小于10m。

（4）使用木质、毛竹、钢管跨越架应遵守下列规定：①木质跨越架所使用的立杆有效部分的小头直径不得小于70mm，

60～70mm的可双杆合并或单杆加密使用。横杆有效部分的小头直径不得小于80mm。②木质跨越架所使用的杉木杆，出现木质腐朽、损伤严重或弯曲过大等情况的不得使用。③毛竹跨越架的立杆、大横杆、剪刀撑和支杆有效部分的小头直径不得小于75mm，50～75mm的可双杆合并或单杆加密使用。小横杆有效部分的小头直径不得小于50mm。④毛竹跨越架所使用的毛竹，如有青嫩、枯黄、麻斑、虫蛀以及裂纹长度超过一节以上等情况的不得使用。⑤木、竹跨越架的立杆、大横杆应错开搭接，搭接长度不得小于1.5m，绑扎时小头应压在大头上，绑扣不得少于3道。立杆、大横杆、小横杆相交时，应先绑2根，再绑第3根，不得一扣绑3根。⑥木、竹跨越架立杆均应垂直埋入坑内，杆坑底部应夯实，埋深不得少于0.5m，且大头朝下，回填土应夯实。遇松土或地面无法挖坑时应绑扫地杆。跨越架的横杆应与立杆成直角搭设。⑦钢管跨越架宜用外径48～51mm的钢管，立杆和横杆应错开搭接，搭接长度不得小于0.5m。⑧钢管跨越架所使用的钢管，如有弯曲严重、磕瘪变形，表面有严重腐蚀、裂纹或脱焊等情况的不得使用。⑨钢管立杆底部应设置金属底座或垫木，并设置扫地杆。⑩跨越架两端及每隔6～7根立杆应设置剪刀撑、支杆或拉线。拉线的挂点或支杆、剪刀撑的绑扎点应设在立杆与横杆的交接处，且与地面的夹角不得大于60°。杆埋入地下的深度不得小于0.3m。⑪各种材质跨越架的立杆、大横杆及小横杆的间距不得大于表2-15的规定。

表2–15　立杆、大横杆及小横杆的间距

跨越架类别	立杆/m	大横杆/m	小横杆/m	
			水平	垂直
钢管	2.0	1.2	4.0	2.4
木	1.5		3.0	2.4
竹	1.2		2.4	2.4

（5）跨越架拆除。附件安装完毕后，方可拆除跨越架。钢管、木质、毛竹跨越架应自上而下逐根拆除，并应有人传递，不得抛扔。不得上下同时拆架或将跨越架整体推倒。

采用提升架拆除金属格构式跨越架架体时，应控制拉线并用经纬仪监测垂直度。

2.人力及机械牵引放线

放线时的通信应畅通、清晰、指令统一，不得在无通信联络的情况下放线。被跨越的低压线路或弱电线路需要开断时，应事先征得有关单位的同意。开断低压线路应遵守停电作业的有关规定。开断时应有防止电杆倾倒的措施。放线滑车使用前应进行外观检查。带有开门装置的放线滑车应有关门保险。

线盘架应稳固，转动灵活，制动可靠。必要时打上临时拉线固定。

穿越滑车的引绳应根据导线、地线的规格选用。引绳与线头的连接应牢固。穿越时，作业人员不得站在导线、地线的垂直下方。线盘或线圈展放处，应设专人传递信号。作业人员不得站在线圈内操作。线盘或线圈接近放完时，应减慢牵引速度。架线时，除应在杆塔处设监护人外，对被跨越的房屋、路口、河塘、裸露岩石及跨越架和人畜较多处均应派专人监护。导线、地线（光缆）被障碍物卡住时，作业人员应站在线弯的外侧，并应使用工具处理，不得直接用手推拉。

人力放线应遵守下列规定：①领线人应由技工担任，并随时注意前后信号。拉线人员应走在同一直线上，相互间保持适当距离。通过河流或沟渠时，应由船只或绳索引渡。②通过陡坡时，应防止滚石伤人。遇悬崖险坡应采取先放引绳或设扶绳等措施。③通过竹林区时，应防止竹桩或树桩尖扎脚。

机械牵引放线应遵守下列规定：①人力展放导引绳或牵引绳应遵守本章第五节的有关规定。②导引绳或牵引绳的连接应用专用连接工具。牵引绳与导线、地线（光缆）连接应使用专用连接网套或专用牵引头。

拖拉机直接牵引放线应遵守下列规定：①途经的桥梁、涵洞应事先进行检查与鉴定，不得冒险强行。②行驶速度不得过快，驾驶员应随时注意指挥信号。③行驶中作业人员不得爬车、跳车或检修部件。挂钩上不得站人。④爬坡时拖拉机后面不得有人。⑤不得沿沟边、横坡等险要地形行驶。

3.张力放线

使用牵引机和张力机时应遵守下列规定：①操作人员应严格

依照使用说明书要求进行各项功能操作，禁止超速、超载、超温、超压或带故障运行。②使用前应对设备的布置、锚固、接地装置以及机械系统进行全面的检查，并做运转试验。③牵引机、张力机进出口与邻塔悬挂点的高差及与线路中心线的夹角应满足设备的技术要求。④牵引机牵引卷筒槽底直径不得小于被牵引钢丝绳直径的25倍。对于使用频率较高的钢丝绳卷筒应定期检查槽底磨损状态，及时维修。

使用放线滑车应遵守下列规定：①放线滑车允许荷载应满足放线的强度要求，安全系数不得小于3。②放线滑车悬挂应根据对导引绳、牵引绳上扬严重程度的计算，选择悬挂方法及挂具规格。③转角塔（包括直线转角塔）的预倾滑车及上扬处的压线滑车应设专人监护。

使用导线、地线连接网套时应遵守下列规定：①导线、地线连接网套的使用应与所夹持的导线、地线规格相匹配。②导线、地线穿入网套应到位。网套夹持导线、地线的长度不得少于导线、地线直径的30倍。③网套末端应用铁丝绑扎，绑扎不得少于20圈。④导线、地线连接网套每次使用前，应逐一检查，发现有断丝者不得使用。⑤较大截面的导线穿入网套前，其端头应做坡面梯节处理；施工过程中需要导线对接时，宜使用双头网套。

使用卡线器时应遵守下列规定：①卡线器的使用应与所夹持的线（绳）规格相匹配。②卡线器有裂纹、弯曲、转轴不灵活或钳口斜纹磨平等缺陷的禁止使用。

使用抗弯连接器时应遵守下列规定：①抗弯连接器表面应平滑，与连接的绳套相匹配。②抗弯连接器有裂纹、变形、磨损严重或连接件拆卸不灵活时禁止使用。

使用旋转连接器时应遵守下列规定：①旋转连接器使用前，检查外观应完好无损，转动灵活无卡阻现象。禁止超负荷使用。②发现有裂纹、变形、磨损严重或连接件拆卸不灵活时禁止使用。③旋转连接器的横销应拧紧到位。与钢丝绳或网套连接时，应安装滚轮并拧紧横销。④旋转连接器不应直接进入牵引轮或卷筒。⑤旋转连接器不宜长期挂在线路中。

牵引场转向布设时应遵守下列规定：①使用专用的转向滑车，锚固应可靠。②各转向滑车的荷载应均衡，不得超过允许承载力。③牵引过程中，各转向滑车围成的区域内侧禁止有人。

吊挂绝缘子串前，应检查绝缘子串弹簧销是否齐全、到位。吊挂绝缘子串或放线滑车时，吊件的垂直下方不得有人。

导引绳、牵引绳的安全系数不得小于3。特殊跨越架线的导引绳、牵引绳安全系数不得小于3.5。端头连接部位在使用前应由专人检查，有钢丝绳损伤等情况不得使用。展放的绳、线不应从带电线路下方穿过，若必须从带电线路下方穿过时，应制订专项安全技术措施并设专人监护。

飞行器展放初级导引绳应遵守下列规定：①展放导引绳前应对飞行器进行试运行至规定时间后，检查各部运行状态是否良好。②采用无线信号传输操作的飞行器，信号传输距离应满足飞行距离要求。③飞行器应在满足飞行的气象条件下飞行。④飞行器的起降场地应满足设备使用说明书规定。⑤初级导引绳为钢丝绳时，安全系数不得小于3；为纤维绳时，安全系数不得小于5。

张力放线前由专人检查下列工作：①牵引设备及张力设备的锚固应可靠，接地应良好。②牵张段内的跨越架结构应牢固、可靠。③通信联络点不得缺岗，通信应畅通。④转角杆塔放线滑车的预倾措施和导线上扬处的压线措施应可靠。⑤交叉、平行或邻近带电体的放线区段接地措施应符合施工作业指导书的安全规定。

张力放线应具有可靠的通信系统。牵引场、张力场应设专人指挥。牵引过程中，牵引绳进入的主牵引机高速转向滑车与钢丝绳卷车的内角侧禁止有人。牵引时接到任何岗位的停车信号均应立即停止牵引，停止牵引时应先停牵引机，再停张力机。恢复牵引时应先开张力机，再开牵引机。牵引过程中，牵引机、张力机进出口前方不得有人通过。牵引过程中发生导引绳、牵引绳或导线跳槽、走板翻转或平衡锤搭在导线上等情况时，应停机处理。

导线的尾线或牵引绳的尾绳在线盘或绳盘上的盘绕圈数均不得少于6圈。导线或牵引绳带张力过夜应采取临锚的安全措施。导引绳、牵引绳或导线临锚时，其临锚张力不得小于对地距离为5m时的张力，同时应满足对被跨越物距离的要求。

4. 压接

钳压机压接应遵守下列规定：①手动钳压器应有固定设施，操作时平稳放置，两侧扶线人应对准位置，手指不得伸入压模内。②切割导线时，线头应扎牢，并防止线头回弹伤人。

液压机压接除应遵守现行行业标准《输变电工程架空导线（$800mm^2$ 以下）及地线液压压接工艺规程》DL/T 5285 的有关规定外，还应符合下列规定：①使用前检查液压钳体与顶盖的接触口，液压钳体有裂纹者不得使用。②液压机启动后先空载运行，检查各部位运行情况，正常后方可使用。压接钳活塞起落时，人体不得位于压接钳上方。③放入顶盖时，应使顶盖与钳体完全吻合，不得在未旋转到位的状态下压接。④液压泵操作人员应与压接钳操作人员密切配合，并注意压力指示，不得过荷载。⑤液压泵的安全溢流阀不得随意调整，且不得用溢流阀卸荷。

高空压接应遵守以下规定：①压接前应检查起吊液压机的绳索和起吊滑轮是否完好，位置设置是否合理，是否方便操作。②液压机升空后应做好悬吊措施，起吊绳索作为二道保险。③高空人员压接工器具及材料应做好防坠落措施。④导线应有防跑线措施。

5. 导线、地线升空

导线、地线升空作业应与紧线作业密切配合并逐根进行，导线、地线的线弯内角侧不得有人。

升空作业应使用压线装置，禁止直接用人力压线。

压线滑车应设控制绳，压线钢丝绳回松应缓慢。

升空场地在山沟时，升空的钢丝绳应有足够长度。

6.紧线

紧线的准备工作应遵守下列规定：①杆塔的部件应齐全，螺栓应紧固。②紧线杆塔的临时拉线和补强措施以及导线、地线的临锚应准备完毕。

牵引地锚距紧线杆塔的水平距离应满足安全施工要求。地锚布置与受力方向一致，并埋设可靠。

紧线前应具备下列条件：①紧线档内的通信应畅通。②埋入地下或临时绑扎的导线、地线应挖出或解开，并压接升空。③障碍物以及导线、地线跳槽等应处理完毕。④分裂导线不得相互绞扭。⑤各交叉跨越处的安全措施可靠。⑥冬季施工时，导线、地线被冻结处应处理完毕。

紧线过程中监护人员应遵守下列规定：①不得站在悬空导线、地线的垂直下方。②不得跨越将离地面的导线或地线。③监视行人不得靠近牵引中的导线或地线。④传递信号应及时、清晰，不得擅自离岗。

展放余线的人员不得站在线圈内或线弯的内角侧。导线、地线应使用卡线器或其他专用工具，其规格应与线材规格匹配，不得代用。

耐张线夹安装应遵守下列规定：①高处安装螺栓式线夹时，应将螺栓装齐拧紧后方可回松牵引绳。②高处安装耐张线夹时，应采取防止跑线的可靠措施。③在杆塔上割断的线头应使用绳索放下。④地面安装耐张线夹时，导线、地线的锚固应可靠。

挂线时，当连接金具接近挂线点时应停止牵引，然后作业人员方可从安全位置到挂线点操作。挂线后应缓慢回松牵引绳，在调整拉线的同时应观察耐张金具串和杆塔的受力变形情况。

分裂导线的锚线作业应遵守下列规定：①导线在完成地面临锚后应及时在操作塔设置过轮临锚。②导线地面临锚和过轮临锚的设置应相互独立，工器具应满足各自能承受全部紧线张力的要求。

7.附件安装

附件安装前，作业人员应对专用工具和安全用具进行外观检查，不符合要求者不得使用。相邻杆塔不得同时在同相（极）位安装附件，作业点垂直下方不得有人。

提线工器具应挂在横担的施工孔上提升导线；无施工孔时，承力点位置应满足受力计算要求，并在绑扎处衬垫软物。

附件安装时，安全绳或速差自控器应拴在横担主材上。安装间隔棒时，安全带应挂在一根子导线上，后备保护绳应拴在整相导线上。

在跨越电力线、铁路、公路或通航河流等的线段杆塔上安装附件时，应采取防止导线或地线坠落的措施。在带电线路上方的导线上测量间隔棒距离时，应使用干燥的绝缘绳，禁止使用带有金属丝的测绳、皮尺。

拆除多轮放线滑车时，不得直接用人力松放。

8.平衡挂线

平衡挂线时，不得在同一相邻耐张段的同相（极）导线上进行其他作业。

待割的导线应在断线点两端事先用绳索绑牢，割断后应通过滑车将导线松落至地面。

高处断线时，作业人员不得站在放线滑车上操作。割断最后一根导线时，应注意防止滑车失稳晃动。割断后的导线应在当天挂接完毕，不得在高处临锚过夜。高空锚线应有二道保护措施。

9.导线、地线更换施工

宜以耐张段划分换线施工段。如换线施工段包括多个耐张段时，应制订特殊施工方案，确保耐张线夹安全通过放线滑车。换线施工前，应将导线、地线充分放电后方可作业。

导线高空锚线应有二道保护。原导线接续管应安装接续管保护套方可通过放线滑车。带电更换架空地线或架设耦合地线时，应通过金属滑车可靠接地。

拆除旧导线、地线应遵守下列规定：①禁止带张力断线。②松线杆塔做好临时锚固措施。③旧线拆除时，采用控制绳控制线尾，防止线尾卡住。

以旧线牵引新线换线应遵守下列规定：①注意旧线缺陷，必要时采取加固措施。②新旧导线连接可靠，并能顺利通过滑轮。③采用以旧线带新线的方式施工，应检查确认旧导线完好牢固；

若放线通道中有带电线路和带电设备，应与之保持安全距离，无法保证安全距离时应采取搭设跨越架等措施或停电。④牵引过程中应安排专人跟踪新旧导线连接点，发现问题立即通知停止牵引。

10.预防电击

为预防雷电以及临近高压电力线作业时的感应电，应按相关规程要求装设接地线。

接地线应满足以下要求：①工作接地线应使用多股软铜线，截面积不得小于25mm²，接地线应有透明外护层，护层厚度大于1mm。②保安接地线仅作为预防感应电使用，不得以此代替工作地线。保安接地线应使用截面积不小于16mm²的多股软铜线。③接地线有绞线断股、护套严重破损以及夹具断裂松动等缺陷时禁止使用。

装设接地装置应遵守下列规定：①接地线不得用缠绕法连接，应使用专用夹具，连接应可靠。②接地棒应镀锌，直径应不小于12mm，插入地下的深度应大于0.6m。③装设接地线时，应先接接地端，后接导线或地线端，拆除时的顺序相反。④挂接地线或拆接地线时应设监护人。操作人员应使用绝缘棒（绳）、佩戴绝缘手套，并穿绝缘鞋。

张力放线时的接地应遵守下列规定：①架线前，放线施工段内的杆塔应与接地装置连接，并确认接地装置符合设计要求。②牵引设备和张力设备应可靠接地。操作人员应站在干燥的绝缘垫上且不得与未站在绝缘垫上的人员接触。③牵引机及张力机出线端的牵引绳及导线上应安装接地滑车。④跨越不停电线路时，跨越档两端的导线应接地。⑤应根据平行电力线路情况，采取专项接地措施。

紧线时的接地应遵守下列规定：①紧线段内的接地装置应完整并接触良好。②耐张塔挂线前，应用导体将耐张绝缘子串短接，并在作业后及时拆除。

附件安装时的接地应遵守下列规定：①附件安装作业区间两端应装设接地线。施工的线路上有高压感应电时，应在作业点两侧加装工作接地线。②作业人员应在装设个人保安接地线后，方可进行附件安装。③地线附件安装前，应采取接地措施。④附件（包括跳线）全部安装完毕后，应保留部分接地线并做好记录，竣工验收后方可拆除。⑤在330kV及以上电压等级的运行区域作业，应采取防静电感应措施。例如穿戴相应电压等级的全套屏蔽服（包括帽、上衣、裤子、手套、鞋等，下同）或静电感应防护服和导电鞋等（220kV线路杆塔上作业时宜穿导电鞋）。⑥在±400kV及以上电压等级的直流线路单极停电侧进行作业时，应穿着全套屏蔽服。

三、停电、不停电作业

1.一般规定

在停电、部分停电或不停电线路上的作业及邻近、交叉带电线路处作业，应严格执行《国家电网公司电力安全工作规程　线路部分》Q/GDW 1799.2—2013的相关规定，并填写工作票。工作票负责人和工作票签发人资格应经培训合格，并经线路运维单位审核备案。

下列情况应填用电力线路第一种工作票：①在停电的线路或同杆（塔）架设多回线路中的部分停电线路上的工作。②高压电力电缆需要停电的工作。③在直流线路停电时的工作。④在直流接地极线路或接地极上的工作。

下列情况应填用电力线路第二种工作票：①带电线路杆塔上且与带电导线最小安全距离不小于表2.4.1规定的工作。②电力线路、电缆不需要停电的工作。③直流线路上不需要停电的工作。④直流接地极线路上不需要停电的工作。

邻近带电体作业时，人体与带电体之间的最小安全距离应符合表2-16的规定。

表2-16　在带电线路杆塔上作业与带电导线最小安全距离

电压等级/kV	安全距离/m
交流	
10及以下	0.7
20、35	1.0
66、110	1.5
220	3.0

续表

电压等级/kV	安全距离/m
330	4.0
500	5.0
750	8.0
1 000	15.0
直流	
± 400	1.2
± 500	6.8
± 660	9.0
± 800	10.1

注：± 400kV数据按海拔3 000m校正；750kV数据按海拔2 000m校正；其他电压等级数据按海拔1 000m校正。

在邻近或交叉其他带电电力线处作业时，有可能接近带电导线至表2-17所示安全距离以内时，应做到以下要求：①采取有效措施，使人体、导线、工器具等与带电导线安全距离符合表2-17的规定，起重机及吊件、牵引绳索和拉绳与带电导线安全距离符合表2-12的规定。②作业的导线、地线应在作业地点接地。绞磨等牵引工具应接地。

表2-17　邻近或交叉其他电力线作业的安全距离

电压等级/kV	安全距离/m
交流	
10及以下	1.0
20、35	2.5
66、110	3.0
220	4.0
330	5.0
500	6.0
750	9.0
1 000	10.5
直流	
±400	8.2
±500	7.8
±660	10.0
±800	11.1

注：±400kV数据按海拔3 000m校正；750kV数据按海拔2 000m校正；其他电压等级数据按海拔1 000m校正。

邻近带电体作业时，上下传递物件应用绝缘绳索，作业全过程应设专人监护。

跨越施工前应按线路施工图中交叉跨越点断面图，对跨越点交叉角度、被跨越不停电电力线路架空地线在交叉点的对地高度、下导线在交叉点的对地高度、导线边线间宽度、地形等情况进行复测。复测跨越点断面图时，应考虑复测季节与施工季节环境温度的变化。跨越档相邻两侧杆塔上的放线滑车、牵张设备、机动绞磨等均应采取接地保护措施。跨越施工前，接地装置应安装完毕且与杆塔可靠连接。起重工具和临时地锚应根据其重要程度将安全系数提高20% ～40%。

绝缘安全工具应定期进行绝缘试验，试验周期应符合《国家电网公司电力安全工作规程　线路部分》Q/GDW 1799.2—2013的要求。

绝缘绳、网每次使用前，应进行检查，有严重磨损、断股、污秽及受潮时禁止使用。在现场应按规格、类别及用途整齐摆放，并采取有效的防潮、防水措施。

2.不停电跨越作业

跨越不停电电力线路施工，应按《国家电网公司电力安全工作规程　线路部分》Q/GDW 1799.2—2013规定的“电力线路第二种工作票”制度执行。

跨越不停电电力线路，在架线施工前，施工单位应向运维单位书面申请该带电线路“退出重合闸”，许可后方可进行不停电跨越施工。施工期间发生故障跳闸时，在未取得现场指挥同意前，不得强行送电。

不停电跨越架线的放线区段应尽量减少线档数量，牵引系统设备应经全面检查，确保完好。

架线前对导引绳、牵引绳及承力工器具应进行逐盘（件）检查，不合格的工器具禁止使用。架线过程中，不停电跨越位置处、跨越档两端铁塔应设专人监护，监护人应配备通信工具，且应保持与现场指挥人的联系畅通。

跨越不停电线路时，禁止作业人员在跨越架内侧攀登、作业，禁止从封顶架上通过。导线、地线、钢丝绳等通过跨越架时，应用绝缘绳作引渡。引渡或牵引过程中，跨越架上不得有人。

跨越档两端铁塔上的放线滑轮均应采取接地保护措施，放线前所有铁塔接地装置应安装完毕并接地可靠。人力牵引跨越放线时，跨越档相邻两侧的施工导线、地线应接地。

跨越不停电线路架线施工应在良好天气下进行，遇雷电、雨、雪、霜、雾，相对湿度大于85%或5级以上大风天气时，应停止作业。如施工中遇到上述情况，则应将已展放好的网、绳加以安全保护。

在跨越电气化铁路和10kV及以上电力线的跨越架上使用绝缘绳、绝缘网封顶时，应满足下列规定：①绝缘绳、绝缘网与被跨电力线路导线、地线的最小垂直距离在事故状态下，不得小于表2-18的规定。在雨季施工时应考虑绝缘网受潮后弛度的增加。②在多雨季节和空气潮湿情况下，应在封网用承力绳与架体连接处采取分流调节保护措施。③跨越架架面（含拉线）距被跨电力线路导线之间的最小安全距离在考虑施工期间的最大风偏后不得小于表2-18的规定。

表2-18　跨越架与带电力线路导线、地线的最小安全距离

跨越架部位	被跨越电力线电压等级/kV					
	≤10	5	66～110	20	30	500
架面（含拉线）与导线的水平距离/m	1.5	1.5	1.0	2.5	5.0	6.0
无地线时，封顶网（杆）与导线的垂直距离/m	1.5	1.5	2.0	2.5	4.0	5.0
有地线时，封顶网（杆）与地线的垂直距离/m	0.5	0.5	1.0	1.5	2.6	3.6

跨越电气化铁路时，跨越架与接触网的最小安全距离应满足35kV电压等级的有关规定。跨越架上最后通过的导线、地线、引绳或封网绳等，应留有绝缘绳做控制尾绳，防止滑落至带电体上。跨越施工完毕后，应尽快将带电线路上方的绳、网拆除并回收。

跨越档两端铁塔的附件安装应进行两道防护，即采用包胶钢丝绳将导线圈住并挂于横担上。

架线附件安装时，作业区间两端应装设保安接地线。施工线路有高压感应电时，应在作业点两侧加装接地线。地线有放电间隙的情况下，地线附件安装前应采取接地措施。

3. 停电跨越作业

停电作业前，施工单位应根据停电作业内容按照《国家电网公司电力安全工作规程　线路部分》Q/GDW 1799.2—2013执行现场勘察制度。根据现场勘察的结果，制订停电作业跨越施工方案。

施工单位应向运维单位提交书面停电申请和跨越施工方案。经运维单位审查同意后，应由所在运维单位按《国家电网公司电力安全工作规程　线路部分》Q/GDW 1799.2—2013规定签发电力线路第一种工作票，并履行工作许可手续。

工作票由设备运维单位签发，也可由设备运维单位和施工单位签发人实行双签发，具体签发程序按照安全协议要求执行。

现场作业负责人在接到已停电许可作业命令后，应首先安排人员进行验电。验电应使用相应电压等级的合格的验电器。验电时应佩戴绝缘手套并逐相进行。验电应设专人监护。同杆塔架设置多层电力线时，应先验低压、后验高压、先验下层、后验上层。

挂拆工作接地线应遵守下列规定：①验明线路确无电压后，作业人员应按照工作票上接地线布置的要求，立即挂工作接地线。凡有可能送电到作业地段内线路的分支线，也应挂工作接地线。②同杆塔架设置多层电力线时，应先挂低压、后挂高压、先挂下层、后挂上层。工作接地线挂完后，应经现场作业负责人检查确认后方可开始作业。③若有感应电压反映在停电线路上时，应在作业范围内加挂工作接地线。在拆除工作接地线时，应防止感应电触电。④在绝缘架空地线上作业时，应先将该架空地线接地。⑤挂工作接地线时，应先接接地端，后接导线或地线端。接地线连接应可靠，不得缠绕。拆除时的顺序与此相反。⑥装、拆工作接地线时，作业人员应使用绝缘棒或绝缘绳，人体不得碰触接地线。

作业间断或过夜时，作业段内的全部工作接地线应保留。恢复作业前，应检查接地线是否完整、可靠。

作业结束，作业负责人应对现场进行全面检查，待全部作业人员和所用的工具、材料撤离杆塔后，方可命令拆除停电线路上的工作接地线。作业结束后，作业负责人应报告工作许可人，报告的内容如下：作业负责人姓名，该线路上某处（说明起止杆塔号、分支线名称等）作业已经完工，线路改动情况，作业地点所挂的工作接地线已全部拆除，杆塔和线路上已无遗留物，作业人员已全部撤离。

停电、送电作业应指定专人负责。禁止采用口头或约时停电、送电。在未接到停电许可作业命令前，禁止任何人接近带电体。

工作接地线一经拆除，该线路即视为带电，禁止任何人再登杆塔进行任何作业。

四、电缆线路

1.一般规定

开启工井井盖、电缆沟盖板及电缆隧道人孔盖时，应使用专用工具，同时注意所立位置，以免滑脱后伤人。工井作业时，禁止只打开一个井盖（单眼井除外）。开启井盖后，井口应设置井圈，设专人监护，作业人员全部撤离后，应立即将井盖盖好，以免行人摔跌或不慎跌入井内。

电缆隧道应有充足的照明，并有防水、防火、通风措施。进入电缆井、电缆隧道前，应先通风排除浊气，并用仪器检测，合格后方可进入。在潮湿的工井内使用电气设备时，操作人员应穿绝缘靴。工井、电缆沟作业前，施工区域应设置标准路栏，夜间施工应使用警示灯。无盖板的电缆沟、沟槽、孔洞，以及放置在人行道或车道上的电缆盘，应设遮栏和相应的交通安全标志，夜间设警示灯。

作业前应详细核对电缆标志牌的名称与作业票所填写的是否相符，并按照作业票所注明的线路名称对其两端设备状态进行检查，安全措施可靠后，方可作业。

涉及运行电缆的改、扩建工程，停电作业应填用电力电缆第一种工作票，不停电作业应填用电力电缆第二种工作票。填用电力电缆第一种工作票的工作应经调控人员许可，填用电力电缆第二种工作票的工作可不经调控人员许可。若进入变配电站、发电厂工作，都应经运维人员许可。

已建工井、排管改建作业应编制相关改建方案并经运维单位备案。改建施工时，使用电缆保护管对运行电缆进行保护，将运行电缆平移到临时支架上并做好固定措施，面层用阻燃布覆盖，施工部位和运行电缆做好安全隔离措施，确保人身和设备安全。

2. 电缆敷设施工

在开挖邻近地下管线的电缆沟时，应取得业主提供的有关地下管线等的资料，按设计要求制订开挖方案并报监理和业主确认。

电缆敷设前，电缆沟及电缆夹层内应清理干净，并应有足够的照明。

线盘架设应选用与线盘相匹配的放线架，且架设平稳。放线人员应站在线盘的侧后方。当放到线盘上的最后几圈时，应采取措施防止电缆突然蹦出。电缆敷设时，盘边缘距地面不得小于100mm，电缆盘转动力量要均匀，速度要缓慢平稳。电缆敷设应由专人指挥、统一行动，并有明确的联系信号，不得在无指挥信号时随意拉引，以防人员肢体受伤。

机械敷设电缆时，在牵引端宜制作电缆拉线头，保持匀速牵引，应遵守有关操作规程，加强巡视，有可靠的联络信号。电缆敷设时应特别注意多台机械运行中的衔接配合与拐弯处的情况。

电缆敷设时，不得在电缆或桥、支架上攀吊或行走。电缆通过孔洞、管子或楼板时，两侧应设专人监护。入口侧应防止电缆被卡或手被带入孔内，出口侧的人员不得在正面接引。在高处、临边敷设电缆时，应有防坠落措施。直接站在梯式电缆架上作业时，应核实其强度，强度不够时，应采取加固措施。不应攀登组合式电缆架、吊架和电缆。

电缆敷设时，拐弯处的作业人员应站在电缆外侧，临时打开的孔洞应设围栏或安全标志，完工后立即封闭。

进入带电区域内敷设电缆时，应取得运维单位同意，办理工作票，设专人监护，采取安全措施，保持安全距离，防止误碰运行设备，不得踩踏运行电缆。

电缆穿入带电的盘、柜前，电缆端头应做绝缘包扎处理，电缆穿入时盘上应有专人接引，严防电缆触及带电部位及运行设备。运行屏内进行电缆施工时，应设专人监护，做好带电部分遮挡，核对完电缆芯线后应及时包扎好芯线金属部分，防止误碰带电部分，并及时清理现场。

电缆敷设经过的建筑隔墙、楼板、电缆竖井，以及屏、柜、箱下部电缆孔洞间均应封堵，其中楼板、电缆竖井封堵支架和隔板的设计及施工应能承受工作人员荷载。

电缆盘运输前应做好电缆盘的检查工作，确保电缆盘和电缆端头完好方可进行运输。

应根据电缆盘的规格、材质、结构等情况，选择合适的吊装方式，并在吊装施工时做好相关的安全措施。在搬运及滚动电缆盘时，应确保电缆盘结构牢固，滚动时方向正确。使用符合安全要求的工器具进行电缆盘转角度移动。

架空电缆、竖井作业现场应设置围栏，对外悬挂安全标志。工具材料上下传递所用绳索应牢靠，吊物下方不得有人逗留。使用三脚架时，钢丝绳不得磨蹭其他井下设施。

施工单位应派专人指挥电缆敷设施工，落实现场安全措施，确保现场通信联络畅通，确保作业人员人身安全。

电缆盘、输送机、电缆转弯处应按规定搭建牢固的放线架并放置稳妥，并设专人监护。电缆盘钢轴的强度和长度应与电缆盘重量和宽度相匹配，敷设电缆的机具应检查并调试正常。

用输送机敷设电缆时，所有敷设设备应固定牢固。作业人员应遵守有关操作规程，并站在安全位置，发生故障应停电处理。用滑轮敷设电缆时，作业人员应站在滑轮前进方向，不得在滑轮滚动时用手搬动滑轮。

电缆展放敷设过程中，转弯处应设专人监护。转弯和进洞口前，应放慢牵引速度，调整电缆的展放形态，当发生异常情况时，应立即停止牵引，经处理后方可继续作业。电缆通过孔洞或楼板时，两侧应设监护人，入口处应采取措施防止电缆被卡，不得伸手，防止被带入孔中。水底电缆施工应制订专门的施工方案、通航方案，并执行相应的安全措施。电缆敷设时，应在电缆盘处配有可靠的制动装置，应防止电缆敷设速度过快及电缆盘倾斜、偏移。

人工展放电缆、穿孔或穿导管时，作业人员手握电缆的位置应与孔口保持适当距离。

用机械牵引电缆时，牵引绳的安全系数不得小于3。作业人员不得站在牵引钢丝绳内角侧。

在进行高落差电缆敷设施工时，应进行相关验算，采取必要的措施防止电缆坠落。进入带电区域内敷设电缆时，应取得运维单位同意，办理工作票，设专人监护。

使用桥架敷设电缆前，桥架应经验收合格。高空桥架宜使用钢质材料，并设置围栏，铺设操作平台。高空敷设电缆时，若无展放通道，应沿桥架搭设专用脚手架，并在桥架下方采取隔离防护措施。若桥架下方有工业管道等设备，应经设备方确认许可。电缆施工完成后应将穿越过的孔洞进行封堵。

3. 电缆接头施工

进行充油电缆接头安装时，应做好充油电缆接头附件及油压力箱的存放作业，并配备必要的消防器材。

在电缆终端施工区域下方应设置围栏或采取其他保护措施，禁止无关人员在作业地点下方通行或逗留。

进行电缆终端瓷质绝缘子吊装时，应采取可靠的绑扎方式，防止瓷质绝缘子倾斜，并在吊装过程中做好相关的安全措施。

制作环氧树脂电缆头和调配环氧树脂作业过程中，应采取有效的防毒和防火措施。

开断电缆前，应与“电缆走向图”图纸核对相符，并使用专用仪器（如感应法）确切证实电缆无电后，用接地的带绝缘柄的铁钎钉入电缆芯后，方可作业。扶绝缘柄的人员应佩戴绝缘手套并站在绝缘垫上，并采取防灼伤措施（如佩戴防护面具等）。使用远控电缆割刀开断电缆时，刀头应可靠接地，周边其他作业人员应临时撤离，远控操作人员应与刀头保持足够的安全距离，防止弧光和跨步电压伤人。

工井内进行电缆中间接头安装时，应将压力容器摆放在井口位置，禁止放置在工井内。隧道内进行电缆中间接头安装时，压力容器应远离明火作业区域，并采取相关安全措施。

对施工区域内临近的运行电缆和接头，应采取妥善的安全防护措施加以保护，避免影响正常的施工作业。

使用携带型火炉或喷灯时，火焰与带电部分的安全距离：电压在10kV及以下者，应大于1.5m；电压在10kV以上者，应大于3m。不得在带电导线、带电设备、变压器、油断路器附近以及在电缆夹层、隧道、沟洞内对火炉或喷灯加油、点火。在电缆沟盖板上或旁边进行动火工作时，需采取必要的防火措施。

4.热缩电缆头动火制作

热缩电缆头制作需动火时，应开具动火工作票，落实动火安全责任和措施。作业场所5m范围内应无易燃易爆物品，通风良好。火焰枪气管和接头应密封良好。做完电缆头后应及时熄灭火焰枪（喷灯），并清除杂物。

5.电缆试验

电缆耐压试验前，应对设备充分放电，并测量绝缘电阻。加压端应做好安全措施，防止人员误入试验场所。另一端应设置围栏并挂上警告标志牌。如另一端在杆上或电缆开断处，应派人看守。试验区域、被试系统的危险部位或端头应设临时遮栏，悬挂“止步，高压危险！”标志牌。

被试电缆两端及试验操作应设专人监护，并保持通信畅通。

连接试验引线时，应做好防风措施，保证与带电体有足够的安全距离。试验引线的安全距离应符合表2-19要求。更换试验引线时，应先对设备充分放电。

表2-19　交流和直流试验的安全距离

试验电压/kV	安全距离/m
200	1.5
500	3.0
750	4.5
1 000	7.2
1 500	13.2

注：1.表中未列电压等级按高一档电压等级确定安全距离。

2.试验电压，交流为有效值，直流为最大值。

3.适用于海拔不高于1 000m的地区，对用于海拔高于1 000m的地区，按现行国家标准《绝缘配合　第1部分：定义、原则和规则》GB/T 311.1中海拔校正规定进行修正。

电缆试验过程中，作业人员应佩戴好绝缘手套并穿绝缘靴或站在绝缘垫上。电缆耐压试验分相进行时，另外两相应可靠接地。电缆试验过程中发生异常情况时，应立即断开电源，经放电、接地后方可检查。试验结束，应对被试电缆进行充分放电，并在被试电缆上加装临时接地线，待电缆尾线接通后方可拆除。电缆故障声测定点时，禁止直接用手触摸电缆外皮或冒烟小洞，以免触电。

遇有雷雨及六级以上大风时应停止高压试验。

第三章　电力施工人身事故应急急救技能

电力施工过程中，由于客观环境和主观因素的影响，难免发生各种人身事故。现场安全管理人员和施工人员需要具备应急急救技能并在现场及时对伤员施救，这样可以将事故对人身的伤害程度降到最低，提高伤员的生存概率。

第一节　电力施工人身事故主要伤害类型

一、高处坠落

指因人体所具有的危险重力势能引起的伤害事故。发生于在脚手架、平台、陡壁等高于地面的施工作业场合，以及因地面作业踏空失足坠入洞、坑、沟、升降口、漏斗等的情况，但不包括以其他事故类别作为诱发条件的坠落事故，如触电坠落事故。

二、倒杆塔

送电线路的倒杆塔事故是各施工单位都可能碰到的一种恶性事故，它不仅发生在立杆塔过程中，也会发生在换拉线、调杆、架线过程中，不仅造成材料设备损坏，还可能伴随着人身伤亡。

三、起重伤害

指从事起重作业时引起的机械伤害事故，适用于统计各种起重作业引起的伤害，如起重作业时，脱钩砸人、钢丝绳断裂抽人、移动吊物撞人、钢丝绳刮人、滑车碰人等伤害；包括起重设备在使用和安装过程中的倾翻事故及提升设备过卷、蹲罐等事故。不适用于下列伤害的统计：触电，检修时，制动失灵引起的伤害；上下驾驶室失误引发的坠落或跌倒。起重作业包括：桥式起重机、龙门起重机、门座起重机、塔式起重机、悬臂起重机、桅杆起重机、铁路起重机、汽车吊、电动葫芦、千斤顶等作业。

四、物体打击

指由失控物体的惯性力造成的人身伤亡事故。本类事故包括落下物、飞来物、滚石、崩块等造成的伤害，不包括因机械设备、车辆、起重机械、坍塌、爆炸等引起的物体打击。

五、触电

指电流流经人体，造成生理伤害的事故。用于统计触电、雷击伤害。如人体接触设备带电导体裸露部分或临时线；接触绝缘破损外壳带电的手持电动工具；起重作业时设备误触高压线，或感应带电体；触电坠落；电烧伤等事故。

六、灼烫伤

指火焰烧伤、高温物体烫伤、化学灼伤（酸、碱、盐、有机物引起的体内外灼伤）、物理灼伤（光、放射性物质引起的体内外灼伤），不包括电灼伤和火灾引起的烧伤。

七、机械伤害

指机械设备与工具引起的绞、辗、碰、割、戳、切等伤害。包括工件或刀具飞出伤人，切屑伤人，被设备的转动机构缠住等造成的伤害。已列入其他项事故类别的机械设备造成的机械伤害除外，如车辆、起重设备、锅炉和压力容器等设备。

八、火灾

指在时间和空间上失去控制的燃烧所造成的灾害，这里指的是造成人身伤亡的企业火灾事故。根据国家标准和国际标准，按物质燃烧特征把火灾分为A、B、C、D 4类。A类火灾是指固体物质（一般具有有机物性质）火灾，通常在燃烧时能产生灼热的余烬，如木材、棉、麻、毛、纸张等。B类火灾指液体火灾和可熔化的固体物质火灾，如汽油、煤油、柴油、原油、甲醇、乙醇、沥青、石蜡等。C类火灾指气体火灾，如煤气、天然气、甲烷、乙烷等。D类火灾指金属火灾，如钾、钠、镁、钛、锂、铝镁合金等。不适用于非企业原因造成的火灾事故，比如居民家中失火蔓延到企业的火灾，安全生产监督管理部门不统计这种火灾。

九、火药爆炸

指火药与炸药生产过程中，如配料、运输、贮藏、加工过程中，由手震动、明火、摩擦、静电作用，或因炸药的热分解作用，以及贮藏时间过长或存药过多，发生化学性爆炸事故；熔炼金属时，废料处理不净，因残存火药或炸药引起的伤亡事故。

十、容器爆炸

指压力容器超压而发生的爆炸。压力容器爆炸包括压力容器破裂引起的气体爆炸。压力容器内盛装的可燃性液化气，因为化学反应失控，或环境温度过高等原因，压力容器的工作压力超过了设计容许的压力，导致压力容器发生物理性破裂，这种破裂对作业环境和作业人员都会产生很大的危害，尤其压力容器溢散出大量高压液化气体立即蒸发，然后与周围的空气混合形成爆炸性气体混合物，其浓度达到一定范围时，遇到火源就会产生化学爆炸，通常也称为容器二次爆炸，两种情况都统计为容器爆炸事故。适用于盛装容器、换热容器、分离容器、气瓶、气桶、槽车等容器爆炸事故的统计。

十一、锅炉爆炸

锅炉爆炸是指锅炉发生的物理爆炸事故。包括使用工作压力大于0.7表大气压，以水为介质的蒸汽锅炉。但不包括铁路机车、船舶上的蒸汽锅炉以及列车电站和船舶电站的蒸汽锅炉。

十二、瓦斯爆炸

指可燃气体瓦斯、煤尘与空气混合形成了浓度达到爆炸极限的混合物，接触明火时引起的化学爆炸事故。主要是煤矿，同时也包括空气不流通，瓦斯、煤尘积聚的场合。矿井瓦斯是在矿床或煤炭生成过程中所伴生的气体产物的总称，其主要成分是甲烷、二氧化碳和氮，有时出现少量的氢、二氧化硫及其他碳氢化合物。矿井生产中，瓦斯又是矿井内有害气体的统称。煤矿井下普遍存在而且危险性最大的是甲烷。甲烷在井下空气中达到一定浓度遇火源可产生燃烧或爆炸，甲烷的爆炸下限为5%，其上限为16%，如其可燃气体有煤尘混入时，可使爆炸极限扩大，即可降低下限和升高上限。还因瓦斯浓度增大，可使井下空气中氧的含量相对减少，当氧的含量减少到一定程度时，会造成人员窒息。

十三、其他爆炸

其他爆炸指凡不属于火药爆炸、瓦斯爆炸、锅炉爆炸、容器爆炸的爆炸事故。

下列爆炸都属于此类事故：①可燃性气体与空气混合形成的爆燃性气体混合物引起的爆炸。可燃性气体如煤气、乙炔、氢气、液化石油气等。②可燃性蒸气与空气混合形成爆燃性气体混合物引起的爆炸，如汽油、苯挥发蒸气。③可燃性粉尘与空气混合形成的爆燃性气体混合物引起的爆炸，如铝粉、镁粉、锌粉、有机玻璃粉、聚乙烯塑料粉、面料、谷物淀粉、煤尘、木粉以及可燃性纤维（如麻纤维、棉纤维、醋酸纤维、腈纶纤维、涤纶纤维、维纶纤维等）粉尘爆炸事故。④间接形成的可燃性气体与空气相混合，或者可燃性蒸气与空气相混合，如可燃固体、自燃物品，当其受热、水、氧化剂的作用而迅速反应，分解出可燃性气体和蒸气，与空气混合形成爆燃气体，遇火源爆炸的事故。⑤另外，炉膛爆炸、钢水包爆炸、亚麻尘爆炸等均为“其他爆炸”。

十四、车辆伤害

指企业内由机动车辆引起的机械伤害事故。

机动车辆包括：①汽车类：载重汽车、货卸汽车、大客车、小汽车、客货两用汽车、内燃叉车等；②电瓶车类：平板电瓶车、电瓶叉车等；③拖拉机类：方向盘式拖拉机、手扶拖拉机、操纵杆式拖拉机等；④有轨车类：有轨电动车、电瓶机车等；⑤施工设施：挖掘机、推土机、电铲等。

凡在上述机动车辆的行驶中发生挤、压、坠落、撞车或倾覆等事故；发生行驶中上、下车事故；发生因搭乘矿车或放飞车事故；发生车辆运输摘挂钩事故、跑车事故等均属本类别事故。但不包括起重设备提升、牵引车辆和车辆停驶时发生的事故。

十五、坍塌

指建筑物、构筑物、堆置物倒塌以及土石塌方引起的事故。包括因设计或施工不合理造成的倒塌；以及土方、砂石、煤等发生的塌陷事故，如建筑物倒塌、脚手架倒塌，挖掘沟坑、洞时土石的塌方等事故。不包括矿山冒顶片帮事故，或因爆炸、爆破引起的坍塌事故。

十六、淹溺

指大量的水经口、鼻进入人体肺部，造成呼吸道阻塞或发生急性缺氧而窒息死亡的事故，用于统计船舶、排筏、设施在航行、停泊作业时发生的落水事故。“设施”是指水上、水下各种浮动或者固定的建筑、装置、电缆和固定平台。“作业”是指在水域及其岸线进行装卸、勘探、开采、测量、建筑、疏浚、爆破、打捞、捕捞、养殖、潜水、流放木材、排除故障以及科学实验和其他水上、水下施工等。包括高处坠落淹溺，不包括矿山、井下透水淹溺。

十七、透水

指矿山、地下开采或其他坑道作业时，意外水源带来的伤亡事故。包括井巷与含水岩层、地下含水带、溶洞或与被淹巷道、地面水域相通时涌水成灾。不包括地面水害事故。

十八、冒顶片帮

片帮指矿井作业面、巷道侧壁在矿山压力作用下变形、破坏而脱落的现象，冒顶是顶板失控而自行冒落的现象。两者常同时发生人身伤亡事故，统称为冒顶片帮。包括矿山、地下开采、掘进及其他坑道作业发生的坍塌事故。

十九、放炮

指施工时放炮作业造成的伤亡事故。包括各种爆破作业，如采石、采矿、采煤、开山、修路、拆除建筑物等工程进行放炮作业引起的伤亡事故。

二十、中毒和窒息

指在生产条件下有毒物进入人体引起危及生命的急性中毒以及在缺氧条件下发生的窒息事故。包括有毒物经呼吸道和皮肤、消化道进入人体引起的急性中毒和窒息事故，也包括在废弃的坑道、竖井、涵洞、地下管道等不通风的地方工作，因为氧气缺乏发生晕倒，甚至死亡的事故。不包括病理变化导致的中毒和窒息事故，也不包括慢性中毒的职业病导致的死亡。

二十一、中暑

中暑是在暑热季节、高温和（或）高湿环境下由于体温调节中枢功能障碍、汗腺功能衰竭和水电解质丢失过多而引起的以中枢神经和（或）心血管功能障碍为主要表现的急性疾病。根据临床表现，中暑可分为先兆中暑、轻症中暑、重症中暑。其中，重症中暑又分为热痉挛、热衰竭和热射病，热射病是最严重的中暑类型。

二十二、动物伤害

指野外作业、现场作业遭遇猛兽、毒蛇袭击或毒虫叮咬造成人身伤害。

二十三、交通事故

指车辆在道路上因过错或者意外造成人身伤亡或者财产损失的事件。

二十四、其他伤害

凡不属于前面各项的伤亡事故均列为其他伤害，如扭伤、跌伤、冻伤、钉子扎伤等。

第二节　电力施工人身事故主要急救技能

一、开放气道

呼吸是人基本的生命体征，在急救时保持气道通畅是应该首先采取的措施。不管是伤病导致还是异物堵塞，都会造成气道梗阻，这就必须开放气道，保持肺脏与外界相通，避免窒息，从而达到维持生命体征的目的。

1.手动开放气道

常用的开放气道的方法有两种，仰头举颏法、双手抬颏法。

（1）仰头举颏法。仰头举颏法可用于几乎所有无颈椎损伤的无意识伤患，操作简便，无须工具。施救者位于伤患右侧，用右手中指和示指将伤患的下颌底向上顶，同时用左手的掌锋部位将伤患的额头向下压，一般成人耳垂与下颌骨角连线与地面形成90°角。此时伤患头部后仰，气道开放，如果此时伤患还没有呼吸就要进行机械性通气。注意，颈部有外伤者不宜用仰头举颏法，适合采用双手抬颏法开放气道，以避免造成进一步的脊髓损伤。

（2）双手抬颏法。双手抬颏法适用于颈部有外伤者，以下颌上提为主，不能将伤患头部后仰及左右移动。伤患平卧，抢救者用双手从两侧抓紧伤患的下颌并托起，使头后仰、下颌骨前移，即可打开气道。

2.简易呼吸器

简易呼吸器又称人工呼吸器或加压给氧气囊，是进行人工机械通气的简易工具。氧气（空气）进入球形气囊，通过人工挤压气囊打开活瓣，使氧气（空气）通过与伤患口鼻贴紧的面罩或气管导管进入气道，进行人工机械通气维持呼吸。与口对口呼吸比较，简易呼吸器供氧浓度高，交叉感染风险小，且操作简便。尤其是病情危急、来不及气管插管时，可利用加压面罩直接给氧，使伤患及时得到氧气供应，改善缺氧状态。

简易呼吸器由面罩、单向阀（伤患接头组、鸭嘴阀、单向阀盖）、压力安全阀、球体、进气阀（进气阀垫片、进气阀座、进气阀接头）、储氧阀、氧气储气袋（贮氧袋）、氧气连接管、呼气阀组成。成人球囊一般为1 500mL，双手捏到底压缩气体量可达1 350mL。正常呼吸潮气量400～600mL就足以达到通气目的，所以，平时抢救或转运时只需单手捏到底即可，约挤压呼吸囊的1/3为宜（气体量为400～500mL），双手为1/2～2/3（气体量为600～800mL），否则容易使气道压过高，引起气压伤。

挤压气囊时，应注意频率和伤患呼吸的协调。在伤患呼气与气囊膨胀复位之间应有足够的时间，以防在伤患呼气时挤压气囊。

通过简易呼吸器的使用，达到增加或辅助伤患的自主通气，改善伤患的气体交换功能，纠正伤患的低氧血症，缓解组织缺氧状态，为临床抢救争取时间。

（1）适应证与禁忌证。

1）适应证：心肺复苏；各种中毒所致的呼吸抑制；神经、肌肉疾病所致的呼吸肌麻痹；各种电解质紊乱所致的呼吸抑制；各种大型的手术；配合氧疗做溶疗法；呼吸机障碍、停电等特殊情况时，临时替代机械呼吸机（指有创呼吸机，不包括无创人工气道）；运送中的伤患；需机械通气做特殊检查的伤患。

2）禁忌证：中等以上活动性咯血；急性心肌梗死；未经减压及引流的张力性气胸，纵隔气肿；大量胸腔积液；严重误吸引起的窒息性呼吸衰竭；重度肺囊肿、肺大疱等。

（2）操作准备。

1）器材准备：器材包括简易呼吸器、开口器、口咽通气道、供氧装置、氧气连接管、吸痰管等。需要检查面罩是否符合伤患脸型，完好无漏气且充气正常；检查单向阀是否安装正确，是否可以正常工作；检查压力安全阀是否正常工作；检查气囊及贮氧袋是否完好无损、无漏气；检查氧气连接管是否配套。

2）人员准备：急救人员连接、安装各器材。如伤患意识清醒，应解释应用呼吸器的目的和意义，缓解伤患紧张情绪，并使其主动配合，挤压球囊时应指导伤患配合频率进行吸、呼动作。

（3）操作步骤。评估伤患的年龄、体位、呼吸道是否畅通、呼吸状况（频率、节律、深浅度），是否符合使用简易呼吸器的适应证，无自主呼吸或自主呼吸微弱；伤患有无使用简易呼吸器的禁忌证，如中等以上活动性咯血、心肌梗死、大量胸腔积液等。

携带简易呼吸器及其他用物至伤患身边，连接氧气，调节氧气流量，使贮气袋充盈。

让伤患仰卧，头后仰，松解衣物和腰带，暴露胸廓。清除口腔与咽喉中异物及假牙（吸痰）。必要时，置入口咽通气道。

操作者位于伤患头部的后方，将其头部向后仰，并托牢下颌使其面部朝上，使气道保持通畅。

面罩扣住口鼻，左手拇指和示指紧紧按住，其他的手指则紧扣住下颌骨（EC手法）。

右手规律性地挤压球囊，一般成人为12～16次/min，计读为

“1001、1002……”，挤压球囊时，应压力适中。操作者应随时注意伤患是否换气正常（通过观察胸部上升与下降），生命体征是否改善，嘴唇与面部颜色的变化，面罩内是否呈雾气状。

如果挤压球囊时感觉阻力大，应当确认口腔和咽喉的分泌物或异物是否清除干净，气道是否充分开放。若由于伤患气道压力过高导致阻力过大，可下旋关闭安全阀，以增加送气压力。

伤患恢复自主呼吸后，应按伤患的呼吸动作同步加以辅助，或视情停止使用简易呼吸器。

操作结束，安置伤患，整理用物，洗手，记录。

（4）终末处理。①单项阀（鸭嘴阀）用含氯消毒剂浸泡30min后清水冲洗；②呼吸面罩用酒精擦拭消毒；③因呼出气体不经球囊，用后不必消毒，如遇特殊感染者，应一次性使用，或用环氧乙烷消毒；④贮氧袋为一次性使用，使用后按要求丢弃；⑤消毒后的部件应完全干燥，检查无损，将部件依要求组装备用。

（5）注意事项。

1）面罩固定时不可漏气，同时避免损伤伤患皮肤；

2）为保证呼吸过程中氧浓度相对稳定，应先连接氧气装置，再连接伤患；

3）如果操作中单向阀受到呕吐物、血液等污染时，应停止挤压，更换简易呼吸器或采用其他方式维持机械通气；

4）清理受污染的简易呼吸器时，应先用力挤压球体数次，将污物初步清除，再把单向阀卸下用水清洗干净。

3.气管插管

气管插管术是指将特制的气管导管通过伤患口腔或鼻腔插入气管内建立人工呼吸道，保障呼吸道通畅，达到维持人体氧需求与二氧化碳排出的重要措施，在危重疑难伤患与心肺复苏抢救及治疗中发挥着关键作用。

（1）适应证与禁忌证。

1）适应证：全麻手术伤患；危重与呼吸心跳骤停伤患的抢救；非手术伤患需气管插管治疗者。

2）禁忌证：除紧急抢救外，严重喉水肿、急性喉炎、喉腔黏膜下血肿、喉创伤、咽喉物理性或化学性烧伤等；患有出血性血液病伤患（血友病、血小板减少性紫癜症等）；其他不适应情况。

（2）操作准备。

1）器材准备：气管导管、塑形丝、牙垫、注射器（一般为5mL、10mL）、简易呼吸器、2根无菌吸痰管、胶布、棉棒、石蜡油、听诊器、无菌手套、备用气管导管、氧气、咽喉喷雾器、吸引设备、喉镜。

2）人员准备：一般情况下，进行气管插管时需要两个人进行操作，一个为操作者，另一个为助手。

助手携带用物到伤患床前，将伤患呈仰卧位，有条件时肩背部垫一小枕（抬高约10cm），头后仰，使口、咽、喉在一直线上；检查伤患口腔，取出异物及活动义齿，检查有无舌后坠，清理分泌物，并使用简易呼吸器给伤患进行机械通气。

同时，操作者检查并准备器材：检查插管气囊，用针管向进气阀注入5～10mL空气，看气囊是否鼓起不漏气，然后抽出空气，恢复原状；检查简易呼吸器，捏气囊，看鸭嘴阀是否正常；打开喉镜，以手遮灯泡，看是否有光；将听诊器挂于颈上备用；撕下15cm胶布两条备用；将塑形丝插入气管导管；戴手套。

（3）操作步骤。器材检查、准备完后，助手停止供气，用石蜡油润滑导管前端及喉镜末端，由操作者实施气管插管：①以右手拇指和示指交叉推开伤患上下唇齿，左手持喉镜沿口角右侧置入口腔，用镜片侧翼将舌体左推，使喉镜片移至正中位，然后用力打开口咽腔，暴露气道。②看到咽腔后镜片继续向前，可见会厌部，用镜片前端挑起会厌，暴露声门，右手持气管导管沿喉镜插入气管。③在气管导管的气囊过声门后，将塑形丝拔出，继续插至所需深度（成年女性插管深度距门齿约22cm，成年男性约24cm）。助手连接简易呼吸器，进行机械通气，操作者听诊双肺，确认气管插管正确进入气道。④退出喉镜，取牙垫放入伤患唇内牙外，与插管并列；取胶布交叉缠绕固定导管及牙垫，用注射器向气囊内注气进行固定。

4.一次性口咽通气道

一次性口咽通气道主要用于昏迷后神志不清的伤患，可以防止舌根后坠堵塞气道，保持呼吸道通畅。舌后坠是指人躺下后由于地心引力，舌自然地向下坠而堵住气道引起窒息，一般是昏迷伤患的并发症。舌后坠引起呼吸不畅的情况，可以用一次性口咽通气道来保持呼吸道通畅，如无有效改善，则需进行气管插管或体外开放气道。一次性口咽通气道有多种型号，大小不等，在使用时，需根据伤患具体情况选择合适的型号。

（1）适应证与禁忌证。

1）适应证：昏迷后神志不清的伤患；需要用口咽通气道引导进行插管的伤患；需要协助进行口咽部吸引的伤患。

2）禁忌证：清醒或浅麻醉的伤患（短时间应用的除外）；前4颗牙齿有高度折断或脱落危险的伤患慎用。

（2）操作准备。选取适宜的口咽通气管，长度约门齿至下颌角的距离，宽度以能接触上颌和下颌的2～3个牙齿为佳，降低伤患咬闭通气管腔的可能性。急救时可以根据宁长勿短，宁大勿小的原则快速选择，口咽管太短，不能经过舌根，起不到开放气道的作用；口咽管太小，容易滑入气管。

（3）操作步骤。

直接放置法：用舌拉钩或压舌板作为辅助工具，将通气管的咽弯曲沿舌面顺势送至上咽部，将舌根与口咽后壁分开。

反向插入法：把口咽管的咽弯曲部分向腭部插入口腔，当其内口通过悬雍垂接近口咽后壁时，将其旋转180°。借伤患吸气时顺势向下推送至合适位置，气流通畅后妥善固定。（悬雍垂：俗称“小舌”，在口腔中软腭后缘正中悬垂的小圆锥体，肌质结构，表面覆盖黏膜，平时稍向下垂，进食时随同软腭向上收缩，防止食物由口腔蹿入鼻腔。)

二、呼吸与血液循环重建

人体循环系统分为三类，体循环、肺循环和淋巴系统循环，在灾难应急急救中，维持体循环和肺循环是维持伤患生命体征的重要手段，一般来说维持体循环和肺循环的急救技术为心肺复苏术（CPR）和自动体外除颤器（AED）。另外，海姆立克急救法是解除气道异物梗阻的快速急救方法。

1.心肺复苏术（CPR）

心肺复苏术（cardiopulmonary resuscitation）简称CPR，指当呼吸中止及心跳停顿时，合并使用人工呼吸及胸外按压来进行急救的一种技术。CPR是BLS（基础生命支持，包括CPR、基本创伤救命术、海姆立克急救术）的重要组成部分，随着现代医学的发展，CPR技术也在不断完善，本节中所教授的CPR是美国心脏协会（AHA）2015年版，也是目前世界应急救援界应用最广泛的CPR技术版本。

成人心肺复苏术。成年人一旦发生心搏骤停，如得不到及时抢救，4～6min后会造成伤患脑和其他重要器官组织不可逆的损害，因此必须立即实施心肺复苏术。1组心肺复苏一般包括30次胸外按压和2次人工呼吸，每进行5组需对伤患进行一次评估，一旦伤患恢复呼吸和心跳，心肺复苏要立即停止。心肺复苏术的目的是重建、恢复血氧循环。具体操作步骤：

（1）判断周围环境是否安全，自身防护是否已做好。当发现疑似心搏骤停者时，不可立即上前查看，而是应先检查周围环境是否安全，观察上下左右前后，注意有无高空坠物、裸露的电线、车辆撞击等。在应急响应时还应穿着合适的个人防护用品（PPE）。

（2）判断伤患有无意识、呼吸。确认周围环境安全，自身防护已做好之后，再判断伤患有无意识和呼吸。判断时，一定要做到“轻拍重唤”。轻拍可以避免造成二次伤害；重唤可以防止伤患耳背，听不清楚。双腿跪在伤患右侧与伤患肩部略微冲齐，轻拍伤患肩部，在伤患左/右耳处大声呼喊，如“喂，先生（女士）你怎么了？”

（3）呼救、亮明身份、请求协助。当伤患无意识、呼吸，处于昏迷状态时，应立即大声呼救，如“快来人啊！这里有人晕倒了。”等周围群众聚拢之后，应第一时间亮明自己的身份，以免引起误会，之后寻求现场围观群众的帮助，如“请帮我拨打120，切记打完之后一定回来告诉我！”“现场有没有学过医疗急救的同志？请过来协助我！”

（4）判断伤患是否需要进行心肺复苏。判断的方法为一摸，二听，三看，四读秒。

一摸：摸伤患颈动脉，看是否有脉搏。施救者伸出右手食指和中指，垂直于伤患的喉结部位顺势向一侧下滑，搭在伤患的颈动脉处。

二听：施救者将耳朵贴近伤患口鼻处，听是否有轻微的呻吟声，感觉是否有呼吸。

三看：看伤患的胸腔是否有起伏。

四读秒：以10s为一个单位，检测脉搏。要读："1001、1002、1003……1010。"四个数字读出来，差不多是一秒钟。

操作时四步要同时进行。经过判断，如果伤患没有脉搏、呼吸，说明情况危急，必须马上进行一组心肺复苏，即30次胸外按压和2次人工呼吸。

（5）胸外按压（C，Circulation）。在进行胸外按压之前，首先要去除伤患上半身衣物，包括项链、腰带等，然后确定按压点，一般按压点为两乳头连线与身体中线的交叉点。伸出双臂，双手张开，十指重叠交叉，上方手向后拉，下方手五指上翘；用掌根部位（大鱼际小鱼际相交处）对准按压点将伤患的胸廓垂直按向地面；按压的时候，一定要注意双臂夹紧，以髋关节为支点，以上半身的力量来进行按压。

按压深度为5～6cm，按压时力度要适当，力度过大可能会伤害到伤患的肋骨和脏器，频率为每分钟100～120次，共计按压30次。在进行胸外按压时要注意着伤患的面部，观察面色变化。如按压结束后伤患仍无好转，则需进行人工呼吸。人工呼吸前需要进行3项前置步骤，包括检查清理口腔异物、覆盖隔离物及打开气道。

（6）检查清理口腔异物。首先，用大拇指掰开伤患牙关，检查有无异物，如果有，则进行清理。其次，清理时用双手扶住伤患的脸颊，将其头部轻轻转向施救者这一侧；用大拇指掰开伤患牙关；用食指从伤患口腔的一侧伸入，向上、向内、向下、向外，抠出异物。最后，清理完毕，再把伤患的头部轻轻扶正。

（7）覆盖隔离物并打开气道（A，Airway）。为伤患清理完口腔异物后，需要在伤患的口鼻部位覆盖上隔离物，因为唾液是传播疾病的重要媒介，为了防止交叉感染，所以必须要用一次性呼吸膜来隔离。如果没有医用呼吸膜，可以用其他透气性好的物品代替，比如纱巾、手帕、薄T恤等。覆盖隔离物后，再为伤患打开气道。伸出右手的中指和示指，将伤患的下颌骨向上顶；同时用左手的掌锋部位将伤患额头向下压，顺势用拇指和示指捏住伤患鼻孔。

（8）人工呼吸（B，Breathing）。打开气道后救援人员两指捏住伤患鼻孔；张开嘴包住伤患的嘴，吹气两次，吹气量与正常呼吸相同，吹气时眼睛的余光要看着伤患的胸腔，有略微隆起即可，切忌不可吹气量过大，否则可能会伤害到伤患的肺泡；吹气完毕后松开手指，让伤患自行排气。

做完一组心肺复苏后，如果伤患没有好转就要继续进行第二组。如果现场有简易呼吸器，则不建议使用口对口人工呼吸。如果现场有两位救援人员，可一人进行胸外按压，另一人进行人工呼吸或器械通气。

（9）对心肺复苏进行评估。做完五组心肺复苏后，对伤患情况进行一次评估，评估方法同样为一摸、二听、三看、四读秒。如果伤患情况没有好转，则持续循环进行心肺复苏，直到满足结束条件。

（10）结束条件：伤患恢复脉搏、呼吸（应宣布心肺复苏结果“伤患面色红润，情况好转，心肺复苏成功”，以免造成误会）；周围环境变得不再安全，对救援者产生威胁；专业医疗机构人员到达并接手；救援者筋疲力尽，无法继续；专业医疗机构人员宣布伤患死亡。

2.海姆立克急救法

海姆立克急救法（Heimlich Maneuver），又名“海氏急救法”，是1974年美国医师亨利·海姆力克发明的利用肺部残留气体形成气流冲出异物的急救方法，是全世界抢救气管异物梗阻者的标准方法。施救的目的是解除气道异物梗阻，恢复呼吸。操作步骤：当有人出现剧烈咳嗽、呼吸困难、面色青紫，用手成V字状紧贴于颈前喉部，有异物冲击的高啼声……这些症状或动作时，极有可能是气道异物梗阻。施救者应立即询问，如对方无法说话，则令其点头确定。确定需要帮助时，立即进行海姆立克急救法。

根据年龄、体型不同，海姆立克急救法一般分为正常体型成人、肥胖与妊娠后期的妇女等情况。

（1）正常体型成人。

1）有意识。

第一步，站在病人背后，使病人的身体微微向前倾，双臂环绕其腰部。

第二步，找准冲击位置（脐上二横指处），一手握空拳，另一手紧握拳头。双手快速用力向里、向上挤压，反复操作，直到将异物喷出。

2）无意识。如果病人已经倒地昏迷，失去知觉，并且病人面色发紫，发绀，再进行海姆立克急救法，操作之前要先清理口腔异物，方法同CPR。

第一步，将病人反转成仰卧位，然后骑跨在病人的大腿两侧（不可直接坐在病人身上）。

第二步，找准冲击位置（脐上二横指处），双手重叠交叉，用力向里、向上挤压，反复实施，直到异物喷出为止。如果喷出异物后病人没有呼吸心跳，应马上进行CPR。

3）自身。如果自身被异物卡喉，而身边又没有可以进行海姆立克急救法的人员，则需进行自救。

第一步，找到一个固定的水平物体，如椅背、床沿等。

第二步，对准位置（脐上二横指处），快速有力地向内、向上挤压，反复操作，直到异物喷出为止。

（2）肥胖与妊娠后期的妇女。

1）有意识。

第一步，站在病人背后，使病人的身体微微向前倾，紧贴病人身体。

第二步，找准冲击位置（胸骨中部，剑突上方），一手握空拳，另一手紧握拳头。双手快速用力向里、向上挤压，反复实施，直到异物喷出为止。

2）无意识。如果病人已经倒地昏迷，失去知觉，并且面色发紫、发绀。首先应检查并清理口腔异物，方法同CPR，然后进行海姆立克急救法操作。

第一步，将病人反转成仰卧位，骑跨在病人的大腿两侧（一定不要坐在病人身上）。

第二步，找准冲击位置（胸骨中部，剑突上方），一手握空拳，另一手紧握拳头。双手快速用力向里、向上挤压，反复实施，直到异物喷出为止。然后再判断病人是否有呼吸心跳，如果需要，进行CPR。

3.自动体外除颤器（AED）

自动体外除颤器（AED）又称自动体外电击器、自动电击器、自动除颤器、心脏除颤器及傻瓜电击器等。自动体外除颤器是一种携带方便，可诊断特定的心律失常，并且给予电击除颤，可被非专业人员使用并用于抢救心源性猝死伤患的医疗设备。

自动体外除颤器在伤者脉搏停止时使用，但是不会对无心率、心电图呈水平直线的伤患进行电击除颤。使用除颤器本身并不能让伤患恢复心跳，而是通过电击使致命性心律失常终止（如室颤、室扑等），之后再通过心脏高位起搏点兴奋重新控制心脏搏动从而使心脏恢复跳动（但有部分伤患因其心脏基础疾病可能在除颤后无法恢复心跳，此时自动体外除颤器会提示没有除颤指征，并建议立即进行心肺复苏）。

（1）自动体外心脏除颤器针对以下两种伤患：

1）心室颤动（或心室扑动）。心室扑动与心室颤动是严重的异位心律，心室不能进行有效的整体收缩，各部心肌产生快而不协调的颤动。两者的血流动力学的影响均相当于心室停搏。心室扑动可引起心室颤动，这种心律失常通常是致命的。

2）无脉性室性心动过速（室速是室性心动过速的简称）。无脉性室速指出现快速致命性室性心动过速，不能启动心脏机械收缩，心脏排血量为零或接近为零，以致伤患意识丧失，大动脉搏动消失，呼吸停止。

这两种伤患和无心率伤患都没有脉搏。区别在于前者表现为心脏因过速搏动而无法泵出充足的血液造成的心律失常，而心动过速最终会演变成心室颤动。若不矫正，这两种心律失常会迅速导致脑部损伤甚至死亡。每拖延1min，伤患的生存率即降低10%。

（2）操作准备。

1）器材准备：自动体外除颤器（AED）、除颤电极片、剪刀、剃毛刀、湿巾、干巾、手套、人工呼吸面罩。

2）人员准备。急救人员携带AED装置到达伤患旁，使伤患采取仰卧体位，取出电极片及附件备用。如果伤患家属或关系人在场，应向其告知将要采取的措施，取得配合，并警告他们在电击时不要触碰伤患身体。

（3）操作方法。自动体外除颤器会自动判读心电图然后决定是否需要电击，全自动的机型甚至只要求施救者替病患贴上电击贴片后，即可自己判断并产生电击；半自动机型则会提醒施救者去按下电击钮。一般情况下，施救者即使误按了电击钮，机器也不会产生电击。有些机型更可使用在儿童身上（低于25kg或小于8岁），但必须选择儿童专用的电极贴片。

具体操作步骤如下：

1）早期识别并大声呼救，查看伤患有无反应。如果呼之不应、意识丧失、颈动脉没有搏动、没有呼吸则呼救并拨打急救电话。

2）开启AED，依据视觉或声音的提示进行操作（有些型号需要先按下电源）。

3）迅速去除伤患上衣，裸露胸部，并剔除电极片粘贴位置的毛发（毛发及空气会使电量释放在皮肤和电极板中间，烧焦皮肤和毛发，并使通过心脏的电量减少），然后用湿巾清洁皮肤，再用干巾擦干。给伤患贴电极片，在伤患胸部适当的位置上，紧密地贴上电极片。通常而言，两块电极板分别贴在右胸上部和左胸乳头外侧，具体位置可以参考AED机壳上的图样和电极板上的图片说明。

4）将电极板插头插入AED主机插孔。

5）开始分析心律，在必要时除颤。首先按下“分析”键（有些型号在插入电极板后会发出语音提示，并自动开始分析心率，在此过程中请不要接触伤患，即使是轻微的触动都有可能影响AED的分析），AED将会开始分析心率。分析完毕后，AED将会发出是否进行除颤的建议，当有除颤指征时，不要与伤患接触，同时告诉附近的其他任何人远离伤患，由操作者按下“放电”键除颤。

6）除颤结束后，AED会再次分析心律，如未恢复有效灌注心律，操作者应进行5个周期CPR，然后再次分析心律，除颤，CPR，反复至急救人员到来。

三、胸腔穿刺减压

胸腔是由胸廓与膈围成，上界为胸廓上口，与颈部相连；下界以膈与腹腔分隔。胸腔内有中间的纵隔和左右两侧的肺以及胸膜腔。胸膜腔有三个特点：腔体密闭、内有浆液及腔内负压。根据人的体形不同，正常胸腔有3～15mL液体，在呼吸和运动时起润滑作用。

胸膜腔穿刺术又称胸腔穿刺术，简称胸穿，是对胸膜腔有胸腔积液（或气胸）的伤患，为了诊断和治疗疾病的需要而通过胸腔穿刺抽取积液或气体的一种技术。

1.气胸类型

气胸分为闭合性气胸、开放性气胸和张力性气胸。

（1）闭合性气胸。闭合性气胸是伤害程度较轻的一种，是肺受到损伤，肺泡破损，气体从肺泡漏到胸腔内导致的气胸。这种气胸是最常见的一种，相对而言比较缓和。症状有伤患胸痛、胸闷、气粗但是说话清晰、不紧张。

（2）开放性气胸。开放性气胸的伤害较重，有伤口，如被刀子等尖锐的物体刺伤，伤口与胸腔相通，严重时可见肺脏，吸气时气体从伤口进入。伤口小，气体进入的少，对肺造成的压力小；伤口大，气体进入的多，对肺造成的压力大，甚至会导致一侧肺衰竭。伤患会极度呼吸困难，在伤口处能听到空气进入胸腔的嘶嘶的声音，用手叩胸腔部位，有鼓鸣音。用无菌纱布盖住伤口，外敷不透气膜，使胸腔气闭，再进行胸腔穿刺减压。

（3）张力性气胸。张力性气胸是最复杂和最凶险的一种情况，是闭合性气胸与开放性气胸的结合。一般胸腔、气道或者肺有创伤，气体从气道和伤口只进不出，胸腔内气体把肺体积压得越来越小。伤患呼吸极度困难，呼吸动作减弱，脸发紫，身上发紫（发绀），出大汗，胸廓高，肋骨间隙变宽，皮下气肿（情况较轻的，胸廓、颈部皮下气肿；情况严重的，颈部、胸部、腰部一直到会阴部位都有气肿）。张力性气胸会在短时间内造成呼吸衰竭、伤患死亡。

2.穿刺点

气胸穿刺点多选在胸骨上第2～3肋间，在第3肋上缘进针（因为肋间神经及动静脉从肋骨下缘走行，经肋上缘垂直穿刺可避免损伤血管和神经）。

对于体型较瘦的人自上而下摸到的第1根骨就是锁骨，第1肋在锁骨后面，一般难以触摸，锁骨向下能摸到的第1根骨是第2肋，其下为第2肋间，第2肋间下是第3肋。对于肥胖人群，可以摸胸骨角。两锁骨之间是人体胸骨上切迹，胸骨上切迹垂直向下会有1个骨突，这个骨突是胸骨角，与胸骨角相连的就是第2肋。

如果气胸伴随胸腔积液或积血的情况，在解除气胸的同时要考虑对胸腔积液或积血进行引流。这时，穿刺点一般选择在肩胛下角线7～9肋间；腋后线7～8肋间；腋中线6～7肋间；腋前线5～6肋间。使用“Y”形穿刺针，穿刺后连接储液装置并用血管钳进行封闭。

3.胸（膜）腔穿刺术

胸（膜）腔穿刺术的目的是解除气压对肺的压迫，引流出胸腔内的液体从而保证呼吸，或通过穿刺向胸腔给药。

（1）适应证与禁忌证。

1）适应证：气胸、胸外伤、胸腔积液性质不明者等。

2）禁忌证：不合作的伤患；心肺功能不全者；穿刺部位皮肤感染者。

（2）操作准备。

1）器材准备：无菌胸腔穿刺包、消毒用具、利多卡因。

2）人员准备：备齐用物后核对伤患信息，确认无误后，给伤患做好解释，以取得伤患的配合。协助伤患取舒适体位，通常为半卧位。

（3）操作方法。

1）消毒。有条件时，救援者应佩戴无菌手套，覆盖消毒洞巾，对穿刺点进行消毒，以进针点为中心，向外画圆的方式进行消毒，消毒区域直径大约为15cm。

2）麻醉。用浸润法对穿刺点进行麻醉，用无菌纱布沾蘸利多卡因，在穿刺点进行局部浸润麻醉。

3）穿刺。一般的穿刺针，针后面有一个小气球（没有小气球可以用软塑料袋代替），捆在穿刺针后，然后在顶端剪1cm左右的小口进行排气。救援者左手食指与中指固定穿刺部位的皮肤，右手持穿刺针沿第3根肋骨上缘，然后垂直胸壁进行穿刺，插入胸腔大约5cm，有落空感后，胸腔中的气体会自己排出。

4）封闭。如果有条件，可将穿刺针连接输液管，将输液管另一端放到盛有一半水的瓶子里，插入水面下3～5cm即可，使之形成负压。

5）固定。用钳子夹住针体，然后用胶布把钳子固定在胸前。

6）引流。如果胸腔中有积液，持接有橡胶管的穿刺针，用血管钳夹住橡胶管，刺入胸腔。穿刺后用注射器连接橡胶管抽液，抽液时固定好穿刺针位置，1次最多不超过50mL，每次取下注射器前先夹闭胶管，防止空气进入胸腔。

脓胸伤患在引流后，可用生理盐水冲洗脓腔，直至流出的灌洗液清洁时为止，而后可注入适当的抗菌药。然后消毒局部皮肤，覆盖无菌纱布，用胶布固定。抽出的胸液根据病情需要分别送检。

（4）注意事项：

1）胸腔穿刺术重点是摸对肋骨，找准穿刺点；

2）对精神紧张的伤患，可在术前半小时给予安定镇静止痛；

3）手术过程中切勿咳嗽、深呼吸，不要说话；

4）严格无菌操作，防止空气进入胸腔，始终保持胸腔负压。

四、止血

1.全身体表动脉及常用止血点

（1）全身体表动脉。全身体表动脉主要包括头部、颈部、胸部、腹部以及上下肢的16条动脉。

1）头部：颞浅动脉、面动脉、眼眦动脉、耳后动脉。

2）颈部：颈主动脉。

3）上肢：腋动脉、肱动脉、尺动脉、桡动脉、指动脉。

4）胸部：胸锁动脉。

5）腹部：腹主动脉。

6）下肢：股动脉、腘动脉、胫前动脉、足背动脉。

（2）常用止血点。

1）头部。

· 颞浅动脉：耳前牙扣上方；

· 面动脉：下颌骨角前凹处；

· 眼眦动脉：内眼角上方眉骨凹处；

· 耳后动脉：耳后乳突下方凹陷处。

2）颈部。颈主动脉：手指垂直于喉结顺势向一侧下滑。

3）上肢。

· 腋动脉：腋窝内搏动点；

· 肱动脉：（从肩关节算起）上臂1/3处，肱二头肌内侧；

· 尺动脉：小鱼际与腕关节结合处；

· 桡动脉：中医把脉处；

· 指动脉：手指根部两侧。

4）胸部。胸锁动脉：两侧锁骨窝内。

5）腹部。腹主动脉：腹股沟中部，盆骨边缘凹陷处。

6）下肢。

· 股动脉：大腿内侧上1/3处；

· 腘动脉：膝关节后方膝窝内；

· 胫前动脉：足三里附近；

· 足背动脉：楔骨外侧。

2.常用止血方法

常用止血方法包括压迫止血法、加压包扎止血法、止血带止血法及填塞止血法四种。

（1）压迫止血法。压迫止血法分为直接压迫法和间接压迫法。

1）直接压迫法：用干净的敷料直接压迫出血伤口进行止血。

2）间接压迫法。间接压迫法最常用的是间接指压止血法，根据动脉的走向，用手指（或手掌）将伤口动脉近心端用力压向骨骼，以达到辅助止血的目的。多用于头面部、颈部、四肢的伤口出血。按出血部位的不同可分为：

·头顶出血压迫法：在伤患伤侧耳前压迫颞动脉；

·头颈部出血压迫法：用拇指压迫伤侧颈动脉，注意不可同时压迫两侧的颈动脉，以免造成脑缺血；

·上臂出血压迫法：一手将伤肢抬高，另一手拇指压迫上臂内侧肱动脉；

·手部出血压迫法：用双手拇指分别压迫伤肢腕部的尺动脉和桡动脉；

·手指出血压迫法：用拇指及示指压迫伤指指动脉；

·下肢出血压迫法：急救人员单膝跪地，将伤患伤肢放于自己腿上，双手重叠，掌根压迫伤患腹股沟中心区域。

（2）加压包扎止血法。加压包扎止血主要用于小动脉、静脉、毛细血管的失血，先用无菌纱布或敷料隔离后，再以绷带或三角巾用力包扎，从而达到止血目的。

（3）止血带止血法。止血带是一种制止四肢出血的急救用品，常用的止血带是长约1m的橡胶管或是制式止血带，在紧急情况下，也可用布条、皮带等结实的带状物代替。止血带止血法在加压包扎止血法无效时才可采用。

1）橡胶管止血带。操作时先在应用止血带位置覆盖敷料；左手持橡胶管，于掌锋侧留出约5寸；右手拉紧另一侧橡胶管头部进行缠绕，第一圈压住指压点后松开拇指，环绕2圈后将右手橡胶管头部夹于左手中食二指；左手顺势向下拉出橡胶管呈环状；将尾部的橡胶管插入环扣中，拉紧两头完成固定。扎紧后要贴上标签或在明显部位注明捆扎止血带的时间和位置。操作口诀为：橡皮带左手拿，后头五寸要留下，右手拉紧环体扎，前头交左手，中食二指夹，顺着肢体向下拉，后头环中插，保证不松垮。

2）制式止血带。制式止血带自带标签、固定棒、卡扣，操作比较简单。将止血带张开，捆扎在上臂或大腿上1/3处后拉紧；拎起固定棒旋转两圈后放在卡扣里进行固定；最后将多余的止血带继续卡在卡扣里面，在标签上注明使用止血带的时间。

3）简易止血带。简易止血带较易取得，包含一宽一窄两根布条和一根细棍棒。先用宽布条在止血带的位置缠绕两圈，再将代替止血带的窄布条扎于宽布条上，缠绕一周后打活结，将细棍棒穿过窄布条，拎起并绞紧，止血带扎紧后要贴上标签或在明显部位注明使用止血带时间和位置。

4）注意事项：

· 止血带止血法对需进行断指（肢）再植，以及患有动脉硬化、糖尿病、慢性肾功能不全者不能轻易使用；

· 止血带不可直接扎在皮肤上止血带相应位置要有衬垫，如毛巾、三角巾、衣物等均可；

· 止血带缠绕部位标准位置为上肢出血，止血带扎于上臂上1/3处；下肢出血，止血带扎于大腿中、上1/3处；

· 止血带的松紧以出血停止，远端不能摸到脉搏为度；

· 控制止血带使用时间，一般使用不超过3h，应注意每隔1h放松2min，如伤情严重需要继续应用时，要变换止血带捆扎位置；

· 止血带的解除要在输血、输液和有效止血手段准备完成后，缓慢放松止血带并密切观察情况；若发现组织发生明显广泛坏死时，在截肢手术前不宜放松止血带；

· 应用止血带位置应有明显记录和标示，详细记录位置和应用时间。

（4）填塞止血法。填塞止血法一般应用于广泛而深层的软组织创伤，如腋窝、腹股沟等部位活动性出血。将无菌纱布或凡士林纱布（油纱）填塞入创伤腔内外加包扎固定，外部加压敷料应超出伤口至少5cm，记录填塞物种类及数量，以便后期取出时核对。在做好彻底止血的准备之前，不得将填塞物抽出，否则有可能导致无法控制的大出血。

五、烧伤与爆炸伤

1.烧伤

造成烧伤的原因很多，如爆炸产生的光、热辐射烧伤，火灾造成的热传导烧伤。爆炸会产生巨大热量，从而导致热和光辐射等综合烧伤。在不产生次生火灾的情况下，只会伤害到人体表面暴露部位，如脸部、手部。但是，如果在爆炸引发次生火灾的情况下，烧伤就会造成严重伤害。

各种原因造成的烧伤的处理方式基本一样，应尽快进行液体复苏。体重30kg以下的儿童应进行多方面的管理措施。但是，爆炸烧伤时常会伴随肺爆震伤，所以对液体必须要进行限制，注意不要过分地使用液体复苏。用干净的敷料处理伤口，避免造成污染。如果有明显的严重污染，应预防破伤风，并且进行预防性应用抗生素。

2.爆炸伤

随着社会的发展，我们生活中面临的威胁也越来越多，除自然灾害外，人为造成的灾难也占有相当大的比例，其中，核爆炸、物理爆炸、化学爆炸是造成人员伤亡的主要原因。911事件后，恐怖分子越来越喜欢使用简易爆炸装置（IED）来进行恐怖袭击。除了恐怖主义和冲突事件引发的爆炸事件外，工业事故、交通事故等引发的爆炸事故也比比皆是。

通常爆炸会带来大量人员伤亡，人员聚集场所、居民区这些地点更容易实施爆炸，引发恐慌，一般都是恐怖袭击的首选目标。作为应急响应人员，进入爆炸现场前，还应对爆炸所造成的不同伤害进行了解，以便能够快速分诊和快速治疗，尽可能挽救更多人的生命。

在本部分，我们把爆炸造成的伤害分为四级，除了爆炸装置本身对人体造成的损伤，周围环境也会给人体带来二次伤害。爆炸伤不仅仅会带来一些外部创伤、烧伤，还会带来一些内部器官的损伤，这些情况都是复杂的，需要综合考虑。

（1）一级爆炸伤。爆炸会在瞬间产生高速高压，会直接对人体造成伤害，这就是一级爆炸伤，在这种情况下，靠近爆炸现场的人员根本无法做出反应。它本质上是一种特殊气压伤，可引起充气器官的损害。当冲击波穿过耳朵、鼻窦、胃肠等这样含气的器官时，会导致内爆，然后出现回弹膨胀，从而引发身体组织的撕裂和破坏。即便是身着防护装备，也不一定能够避免损害。

一级爆炸伤最容易受伤的是耳部，发生耳膜破裂，中耳部位损伤；肺部容易产生肺气压伤；腹部容易造成腹部脏器出血和穿孔，如胃肠部位；眼部有可能会造成眼球破裂；脑部有可能会造成颅损伤，但不伴随脑颅外伤体征。

在这里要注意，受到一级爆炸伤的人群，可能外表不会展现出受伤的信号，但是体内损伤已经发生。所以有可能受一级爆炸伤的人员需要被重点关注，避免不必要的发病率和死亡率。还需注意，在密闭的环境中发生爆炸，产生一级爆炸伤的概率要比室外爆炸发生一级爆炸伤的概率要高很多，同时会带来其他级别的爆炸伤。

（2）二级爆炸伤。爆炸发生的瞬间，不仅会产生高速高压的冲击波，爆炸装置本身带来的碎片也是重要的损伤方式。特别是一些军用爆炸装置，爆炸产生的弹片和冲击波穿过人体表面会导致穿透性损伤或是严重的钝性伤，即使穿着防护装备也起不到有效的作用。如果爆炸发生在密闭的环境中，或是其他物体在爆炸时也发生了爆炸，这些都会给人员造成二次伤害。爆炸事件中大多数人员的伤亡都是由继发性冲击伤造成的。

武器和爆炸装备通常都会追求威力，恐怖分子经常故意将螺母、螺栓、螺丝钉、钉子、球轴承这样的小金属物件包装在爆炸物四周来增大继发冲击伤。为了达到杀伤的目的，军用杀伤榴弹特别设计易碎的弹药背甲。爆炸产生的弹片会造成大量的人员伤亡。弹片速度达到15.24m/s时，皮肤会被撕裂，当超过121.92m/s时，很可能会出现身体穿透伤和严重的组织损伤。

（3）三级爆炸伤。三级爆炸伤是冲击波将人抛出或建筑物倒塌对人造成的伤害。爆炸发生时，特别是在室内，容易对建筑物本身造成一定的损伤，会引起不同程度的建筑物结构不稳定，继而引发坍塌。同样人体也会由于巨大的冲击波被抛向各个方向，随着人体不受控制的位移，可能会撞击到坚硬的物体或摔向地面，身体的任何部位都可能遭受伤害引起钝性伤，在这种情况下，骨折的发生率较高，有可能会导致颅骨骨折、长骨骨折、肋骨骨折等，碰到尖锐的物体时还易引发各种外伤，如穿透伤、创伤性截肢、胸部外伤、腹部外伤等。

建筑物结构的不稳定性也加大了伤员较高的死亡率，当伤员被倒塌的建筑物掩埋在地下时，骨筋膜室综合征、挤压伤综合征的发病率相当高，有时伤员被送到医院时还是存活状态，但是24h后，有可能会因为急性的肾功能衰竭而导致死亡。

（4）四级爆炸伤。四级爆炸伤是指除上述三种损伤外的其他损伤，烧伤、化学物质暴露引起的中毒、吸入性损伤、哮喘或慢性阻塞性肺疾病引起的呼吸窘迫、急性冠脉综合征、急性心肌梗死、高血压急症，另外，社会心理和行为的异常与紧急状况也被列入了四级爆炸伤的范围，因为爆炸事件更容易引起群众的恐慌与不安，特别是离爆炸现场较近的人员。除此之外，爆炸伴随的物质泄漏造成的核污染、化学污染也是需要考虑的方面，这些情况比本身遭受到的伤害更为严重。

六、骨折的固定和搬运

1.人体骨骼

人体共有206块骨骼，分为颅骨、躯干骨和四肢骨三大部分。其中，有颅骨29块、躯干骨51块、四肢骨126块。人骨中含有水、有机质（骨胶）和无机盐等成分。其水的含量较其他组织少，平均约为20%～25%。在剩下的固体物质中，约40%是有机质，约60%以上是无机盐。无机盐决定骨骼的硬度，而有机质则决定骨骼的弹性和韧性。

（1）骨骼种类与结构。

1）骨骼种类。

a.骨骼形态种类：长骨，如肱骨、股骨（长宽比差异大）；短骨，如腕骨（长宽比差异小，近似立方形）；扁平骨，如肩胛骨（板状）；不规则骨，如脊柱骨；圆骨（种子骨），如髌骨（通常很小，位于关节内层）。

b.骨骼位置：中轴骨骼：头骨、颅顶骨、额骨、顶骨、枕骨、颞骨、蝶骨、筛骨；四肢骨骼：锁骨、肩胛骨、肱骨、桡骨、尺骨、指骨、髋骨、股骨、髌骨、胫骨、足骨。

2）骨骼的结构。长骨结构：骨密质、骨松质、骨髓腔；短骨结构：骨密质、骨松质、骨小梁；扁平骨结构：内板、外板；不规则骨结构：骨松质、骨密质。

（2）骨骼组织及功能。

1）骨骼中包含的组织：结缔组织、硬骨、软骨、纤维性结缔组织、血管、血液和神经组织。

2）骨骼的主要功能：支持肌肉及内脏、保护内脏、形成人体运动功能、造血（红骨髓）、储存脂质（黄骨髓）及矿物质。

2.骨折并发症

骨折在日常生活中较为常见，大多数情况下可治愈。骨折早期及晚期所带来的危害是不同的，骨折的并发症主要包括休克、脂肪栓塞综合征、重要内脏损伤和重要周围组织损伤。

（1）休克。骨折引起大出血或重要器官损伤会导致休克。

（2）脂肪栓塞综合征。脂肪栓塞综合征发生于成人，是由于骨折处髓腔内血肿张力过大，骨髓被破坏，脂肪微粒进入破裂的静脉窦内，可引起肺、脑脂肪栓塞；由于创伤的应激作用，使富于蛋白质的液体漏至肺间质和肺泡内，发生肺出血、肺不张和低血氧，出现呼吸功能不全，发绀，胸部拍片有广泛性肺实变。动脉低血氧可致烦躁不安、嗜睡，甚至昏迷和死亡。

（3）重要内脏损伤。

1）肝、脾损伤：严重的下胸壁损伤，除可致肋骨骨折外，还可能引起左侧的脾或右侧的肝破裂出血，导致休克。

2）肺损伤：肋骨骨折时，骨折端可使肋间血管及肺组织损伤，而出现气胸、血胸或血气胸，引起严重的呼吸困难。

3）膀胱和尿道损伤：由骨盆骨折所致，引起尿外渗所致的下腹部、会阴疼痛、肿胀以及血尿、排尿困难。

4）直肠损伤：可由骶尾骨骨折所致，出现下腹部疼痛和直肠内出血。

（4）重要周围组织损伤。

1）重要血管损伤。常见的有股骨髁上骨折，远侧骨折端可致腘动脉损伤；胫骨上段骨折的胫前或胫后动脉损伤；伸直型肱骨髁上骨折，近侧骨折端易造成肱动脉损伤。

2）周围神经损伤。特别是在神经与其骨紧密相邻的部位，如上臂骨骼中、下1/3交界处骨折极易损伤紧贴肱骨的桡神经，腓骨颈骨折易致腓总神经损伤。

3）脊髓损伤。为脊柱骨折和脱位的严重并发症，多见于脊椎颈段和胸腰段，出现损伤平面以下的截瘫。目前，虽有不少关于脊髓损伤再生的研究，尚未取得突破性进展，脊髓损伤所致的截瘫可导致终身残疾。

3.骨折的分类

（1）根据骨折是否和外界相通区分：

1）开放性骨折：骨折附近的皮肤和黏膜破裂，骨折处与外界相通。耻骨骨折引起的膀胱或尿道破裂，尾骨骨折引起的直肠破裂，均为开放性骨折。

2）闭合性骨折：骨折处皮肤或黏膜完整，不与外界相通。

（2）根据骨折程度区分：

1）完全性骨折：骨的完整性或连续性全部中断，管状骨骨折后形成远、近两个或两个以上的骨折段，横形、斜形、螺旋形及粉碎性骨折均属完全性骨折；

2）不完全性骨折：骨的完整性或连续性仅有部分中断，如颅骨、肩胛骨及长骨的裂缝骨折，儿童的青枝骨折等均属不完全性骨折。

（3）根据骨折的形态分类。

1）横形、斜形及螺旋形骨折：多发生在骨干部，骨折线呈横形、斜形或螺旋形；

2）粉碎性骨折：骨碎裂成两块以上，称粉碎性骨折，骨折线呈“T”形或“Y”形时，又称“T”形骨折或“Y”形骨折；

3）压缩骨折：松质骨因压缩而变形，如椎体和跟骨；

4）星状骨折：多因暴力直接着力于骨面所致，如颅骨及髌骨可发生星状骨折；

5）凹陷骨折：如颅骨因外力使之发生部分凹陷；

6）嵌入骨折：发生在长管骨干骺端皮质骨和松质骨交界处，骨折后，皮质骨嵌插入松质骨内，可发生在股骨颈和肱骨外科颈等处；

7）裂纹骨折：如长骨干或颅骨伤后可有骨折线，但未通过全部骨质；

8）青枝骨折：多发生在小儿，骨质部分断裂，骨膜及部分骨质未断；

9）骨骺分离：通过骨骺的骨折，骨骺的断面可带有数量不等的骨组织，是骨折的一种。

（4）根据骨折前骨组织是否正常分类。

1）外伤性骨折：骨结构正常，因暴力引起的骨折，称为外伤性骨折；

2）病理性骨折：病理性骨折不同于一般的外伤性骨折，其特点是在发生骨折以前，骨本身即已存在着影响其结构坚固性的内在因素，这些内在因素使骨结构变得薄弱，在不足以引起正常骨骼发生骨折的轻微外力作用下，即可造成骨折。

（5）根据骨折稳定程度分类。

1）稳定性骨折：骨折复位后，经适当的外固定不易发生再移位者称稳定性骨折，如裂缝骨折、青枝骨折、嵌插骨折、长骨横形骨折等；

2）不稳定性骨折：骨折复位后，易于发生再移位者称不稳定性骨折，如斜形骨折、螺旋骨折、粉碎性骨折。股骨干既是横形骨折，因受肌肉强大的牵拉力，不能保持良好对应，也属不稳定性骨折。

（6）根据骨折后的时间分类。

1）新鲜骨折：新发生的骨折和尚未充分地纤维连接，还可能进行复位者，2～3周以内的骨折；

2）陈旧性骨折：伤后3周以上的骨折，3周的时限并非恒定。如儿童肘部骨折，超过10d就很难整复。

4.骨折的判断

（1）伤处出现功能障碍。肢体丧失部分或全部活动功能。

（2）出现反常活动。在没有关节的部位，出现反常活动，即假关节。

（3）骨擦音或骨擦感。肢体活动时，骨折断端相互摩擦，可听到骨擦音或触摸到局部骨擦感。

（4）有间接叩击痛。在骨折肢体远端用轻力叩击或扭转，引起骨折部位的剧烈疼痛。

（5）伤处肿胀。部位肿胀、青紫或瘀斑，肢体肿胀呈环形。

（6）伤肢畸形。骨折段移位后，受伤肢体发生成角、短缩、旋转等畸形。

5.骨折固定

如骨折伴有休克、昏迷、大出血等伤情，应先进行抗休克、止血等生命支持处理，病情稳定后，再进行骨折固定。固定中避免不必要的搬动，对于大腿、小腿、脊椎骨折的伤者，一般应就地固定，不要随便移动伤者，不要盲目复位，以免加重损伤程度。骨折固定的目的是稳定骨折断端，防止骨折断端移位，缓解疼痛，减少出血，便于搬运。

（1）适应证与禁忌证。

1）适应证：四肢、脊柱及肋骨骨折；关节脱位及软组织严重挫裂伤。

2）禁忌证：较严重的开放性骨折及伤口感染严重者；难以整复的关节内骨折；躯干骨骨折；其他无法固定的部位。

（2）操作准备。

1）器材准备：三角巾、绷带、夹板、颈托等。

2）人员准备：告知伤患即将进行的操作，消除紧张、恐惧心理；协助伤患采取舒适体位；检查患处，准备相应固定器材；对脊柱、髋部外伤伤患，禁止尝试让伤患行走以检查伤情，应就地固定。

（3）操作方法。

1）三角巾固定法。

a.锁骨。折取2条带状三角巾，分别环绕两个肩关节，于肩部打结。分别将三角巾的底角拉紧，在两肩用力后张的情况下，于背部将底角拉紧打结。

b.下肢。帮助伤患取仰卧位，双下肢间用厚敷料衬垫后并拢，折取2条带状三角巾，分别于骨折端上下绑扎固定。

c.头颈部。伤患取平卧位，操作者抱紧伤患头部，沿伤患身体纵轴方向，轻度实施牵引，另一名操作者协助放置颈托，颈部两侧放置沙袋固定头部。

d.盆骨。将伤患取仰卧体位，双下肢并拢。将3条三角巾叠成带状，1条中段放于腰骶部，绕髋前至小腹部打结固定；1条中段放于小腹正中，绕髋后至健侧打结固定；1条在伤患双膝间垫棉垫后绕双膝打结固定；最后在伤患膝盖下垫厚棉垫或者衣物，使下肢呈自然弯曲状态。

2）夹板固定法。

a.胸椎、腰椎。使伤患平直仰卧在硬质木板或其他板上，在伤处垫一薄枕，使脊柱稍向上突，然后用几条带子把伤患固定，使伤患不能左右转动。

b.四肢骨。分别介绍上肢骨、下肢骨的夹板固定。

上肢骨固定。

·肱骨：先用2条三角巾和1块夹板将伤肢固定，然后折取1条燕尾状三角巾中间悬吊前臂，使两底角向上绕颈部后打结，最后折取1条带状三角巾分别经胸背于健侧腋下打结。

·尺桡骨：用夹板夹住伤肢，用环形法、螺旋包扎法、螺旋反折法将夹板固定伤肢，然后折取1条燕尾状三角巾中间悬吊前臂，使两底角向上绕颈后打结，最后折取1条带状三角巾分别经胸背于健侧腋下打结。

·手指骨：利用冰棒棍或短筷子作小夹板，另用2片胶布作粘合固定。若无固定棒棍，可以把伤肢粘合，固定在健指上。

下肢骨固定。

·股骨：用1块长夹板放在伤肢侧，另用1块短夹板放在伤肢内侧，折取4条带状三角巾，分别在腋下、腰部、大腿根部及膝部分环绕伤肢包扎固定，注意在关节突出部位要放软垫；若无夹板时，可以用带状三角巾或绷带把伤肢固定在健侧肢体上；

·小腿骨：用长度由脚跟至大腿中部的2块夹板，分别置于小腿内外侧，再用三角巾或绷带固定。也可用三角巾将患肢固定于健肢。

（4）注意事项。

1）在处理开放性骨折时，局部要做消毒处理，严禁把暴露的骨折端送回伤口内，以免造成伤口污染和再度刺伤血管与神经。

2）固定的夹板不可与皮肤直接接触，应先用布料、棉花、毛巾等软物，铺垫在夹板上，以免损伤皮肤。

3）用绷带（现场用布条）固定夹板时，应先从骨折的下部缠起，以减少患肢充血水肿。

4）夹板应放在骨折部位的两侧，固定上下两端。

5）固定时动作要轻巧，松紧适宜，以免影响血液循环。

6）固定时应将指（趾）外露便于观察。

6.骨折的搬运

搬运的目的是将伤患送至能够进行进一步救治的医疗机构。在不明病情时，尽量不要移动伤患。

（1）适应证与禁忌证。

1）适应证：经止血、包扎、固定处理后，需进一步进行专业处理的伤患。

2）禁忌证：生命体征不稳定，伴有昏迷、休克的伤患；未能明确伤患进一步救治的医疗机构；转运工具及器材准备不充分。

（2）操作准备。

1）器材准备：绷带、三角巾、担架、夹板等。

2）人员准备：将伤患呈合适体位。仰卧位，绝大部分危重伤患均可采用，尤其是脊柱、下肢骨折、腹部损伤伤患；侧卧位，伤患昏迷伴呕吐、孕妇采用此体位，特别注意伤患有无颈椎损伤，如有，则必须颈托固定后摆放此体位；半卧位，适用于胸部外伤，伴有血气胸伤患。

（3）操作方法。

1）单人搬运法。

a.扶行法：适用于意识清楚，能够站立行走的伤患，由一位或两位救护人员托住伤病员的腋下，也可由伤病员一手搭在救护人员肩上，救护人员用一手拉住伤患腕部，另一手扶伤病员的腰部或提握伤患腰带，然后与伤病员一起缓慢移步。

b.抱持法：适用于体重较轻的伤者，救护者一手托伤患腋下，一手托伤患膝部，将伤患抱起。

c.背负法：急救人员站在伤患身前，背向伤患，微弯背部，将伤患背起，对胸部创伤的伤患不能采取此方法。

d.肩驮法：救护者以一侧肩顶住伤患腹部，同侧手臂穿过伤患双腿向前弯曲并抓住伤患同侧手腕，将伤患身体环于急救人员颈部并扛起。

2）多人搬运法。

a.椅托式搬运法：两名急救人员分别在伤患两侧，一人以一膝跪地，另一人以对膝跪地，各以跪侧手在伤患大腿之下互相紧握，另一只手彼此交叉，抓住伤患腰带以支持伤患背部，跪肢向上蹬顺势起身抬起伤患转运。如伤患体重较大且意识清楚，则两名急救人员双腕互握，呈“井”字状，置于伤患臀下，伤患双手分别抱持急救人员颈部，急救人员抬持转运。

b.改良拉车式搬运法：伤患坐位，两名急救人员，一人蹲跪于伤患头部后方，双手插到腋下，将伤患抱入怀内，并将伤患手臂交叉抓住腕部，另一人位伤患足部，将伤患两腿叠放抬起，两人步调一致慢慢抬起伤患前行。

c.三人搬运法：三人并排，蹲跪在伤患同一侧，分别将手置于伤患身下，共同将伤患抱起，齐步前进。脊柱外伤伤患搬运，需救护者将伤患移至担架上，急救人员抬、拉或推担架转运。

d.椅子搬运法：楼梯比较狭窄和陡直时，可用牢固的竹木椅作为工具搬运伤患。将伤患采用坐位，并用宽带将其固定在椅背和凳上。两位急救人员，一人抓住椅背，另一人紧握椅脚，然后以45°角向椅背方向倾斜，缓慢地移动脚步。一般来说，失去知觉的伤患不宜用此法。

e.担架搬运法：担架搬运是院前急救最常用的方法。目前最经常使用的担架有普通担架和轮式担架等。用担架搬运伤患必须注意：对不同病（伤）情的伤患要求有不同的体位；伤病员抬上担架后必须扣好安全带，以防止翻落（或跌落）；伤患头要在后面抬的人一侧，以便观察其病情变化；伤病员上下楼梯时应保持头高位，尽量保持水平状态；担架上车后应予固定，伤病员保持头朝前脚向后的体位。

7.复杂骨折搬运法

复杂骨折应由多人搬运，搬运前及途中需有效固定伤患的颈、胸、腰椎，保证其不出现扭动、折弯等活动，防止脊髓、神经的二次损伤。目的是将疑似颈椎、脊柱、腰椎损伤的伤患运送至有条件的医疗机构进行检查及治疗。

（1）适应证与禁忌证。

1）适应证：有脊柱外伤史，伤后出现脊柱压痛，活动困难或肢体感觉、运动功能障碍者；头部外伤后，发现较大头皮血肿、裂伤或神志异常，疑似有颈椎损伤者。

2）禁忌证：伤后出现窒息、大出血、严重骨折、内脏外溢等生命体征不平稳或存在其他危及生命的情况，须采取相应的救治措施后再进行搬运。

（2）操作准备。

1）器材准备：颈托、脊柱搬运板及配套头部固定器、头部及躯干固定带、三角巾及绷带。

2）人员准备。评估伤患伤情，解除窒息，保持气道通畅；有效止血、包扎伤口；严重骨折时，临时外固定。

（3）手锁。手锁是针对颈椎损伤伤患搬运时的头部固定技术，可以一定程度避免在搬运和移动伤患时造成伤患颈椎二次伤害，分为头锁、头肩锁、双肩锁、胸背锁、头胸锁、头背锁等。

1）头锁。头锁是伤患呈仰卧位时的锁法，用于头部牵引及固定。救护者双膝跪于伤患头部前方，弯腰双手五指分开紧紧护住伤患头两侧，保证伤患头部不发生活动。

2）头肩锁。头肩锁是翻转伤患时固定头颈的锁法。救护者跪于伤患头前，一手虎口卡住伤患锁骨（拇指）及肩胛骨（其他四指），以小臂护住伤患头部一侧，另一只手五指分开护住伤患头部另一侧。

3）双肩锁。伤患仰卧位平移时固定头颈的方法。救护者跪于伤患头前，双手虎口卡住伤患锁骨（拇指）及肩胛骨（其他四指），以小臂护住伤患头部两侧。

4）胸背锁。胸背锁用于伤患坐位和侧卧位或者脱除头盔的头颈胸背固定。救护者先跪于伤患侧旁正向伤患，用双臂夹着伤患的胸部及背部，将双手腕向下压锁，并紧捉伤患颧骨及后枕部，手掌不可覆盖伤患口鼻。

5）头胸锁。头胸锁是伤患仰卧时固定头颈的锁法，用于转换其他制动锁或放置头枕。救护者跪或半蹲在伤者一侧，近额的手肘固定在膝或小腿内侧，用手指按着伤患的前额，把另一只手臂枕于伤患胸骨上或肩膊处，用拇指及中指分别按住伤病者两颧，手掌需弧曲，不可盖住伤患口鼻。

6）头背锁。头背锁是伤患俯卧时固定头颈的锁法。救护者跪于伤患枕后一侧，一手用小臂顶住伤患背部，拇指张开将手护住伤患后枕部（拇指）及颞骨处（其余四指），另一只手拇指张开护住伤患颅顶，双手共同用力形成锁护。注意：各种手锁固定时，双肘必须有支点，不得肘悬空，交换锁法时，后锁未完成，前锁不得解开。

（4）操作方法。骨折成因复杂多样，由于颈椎伤俯卧位伤患的固定与搬运方法较为复杂，且各种手锁技术应用较全面，下面以此为例具体讲解。需要注意的是，复杂骨折搬运需根据现场情况灵活使用各种手锁技术，保证在搬运过程中，不使伤患产生二次伤害。

具体步骤：通常需由四人合作，一人为指挥员，位于伤患头顶，其他三人为助手，分别位于伤患的肩部、腿部及对侧腰部，脊柱板放于单人侧备用。

· 位于肩部救护者做头背锁固定并报告。

· 位头部救护者做头肩锁固定，拟翻向双人侧。

·位肩部救护者解除头背锁并判断伤患意识，询问伤情并检查背部，将伤患双上肢放置身体两侧，一手抓对侧肩，一手抓对侧髋部准备翻身。

·位腰部的救护者同时检查下肢伤情，将双下肢叠放在一起，一手抓伤者对侧手腕，一手抓伤者对侧下肢膝部，准备翻身。

·位头部救护者口令指挥，双人侧两人同时用力，将伤患翻向自己呈侧卧。

·位腰部救护者扶持伤患。

·位肩部救护者行胸背锁并报告。

·位头部救护者松开头肩锁，行对侧头肩锁固定并报告。

·位头部救护者口令指挥，双人侧两人稍向后退同步向自己翻转伤患呈仰卧位。

·位肩部救护者行头胸锁固定并报告。

·位头部救护者松开头肩锁，行头锁固定并报告。

·位肩部救护者用远端手中指对准喉结滑到伤患胸骨中线位处立起。

·位头部救护者牵引并轻转头部，将伤者鼻尖对准位肩部救护者立起的中指。

·位肩部救护者用手指测量伤者颈长，并调整和安放颈托。

·位头部救护者持续牵引伤患头部。

·位肩部救护者进行头、颈、胸、腹检查。

·位腰部救护者行下肢检查。

·位肩部救护者行头胸锁并报告。

·位头部救护者松开头锁，改换头肩锁固定并报告。

·位肩部救护者解除头胸锁，两手分别抓住伤患对侧肩髋部。

·位腰部救护者抓住伤者对侧手腕、膝部。

·位头部救护者口令指挥，双人侧救护者同时翻转伤患。

·位腿部救护者协助将脊椎板对准伤患，放置在其背侧。

·位头部救护者口令指挥，双人侧救护者同时将伤患翻转仰卧在脊柱板上。

·位肩部救护者行头胸锁固定并报告。

·位腰部救护者将伤患双腿放上脊柱板。

·位头部救护者松开头肩锁，行双肩锁固定并报告。

·位肩部救护者解除头胸锁。

·双人侧两名救护者双臂叠放。

·位腿部救护者扶持脊柱板。

·位头部救护者口令指挥，将伤者平推至脊柱板中央。

·位头部救护者口令指挥，将伤患位置上下调节，位肩部救护者和位腿部救护者分别在伤患两侧将一手扶住伤患肩部，一手插入伤患腋窝下，向上或向下移动。

·位肩部救护者行头胸锁固定并报告。

·位头部救护者改行头锁牵引固定并报告。

·其他三人准备躯干约束带。

·位肩部救护者和位腿部救护者将约束带挂于伤患肩部锁眼，

拉向对侧斜下方，并与伤患腰部的约束带连接并拉紧。

· 位腰部救护者用约束带固定伤患膝部、小腿，在伤患脚底扣好并拉紧。

· 位肩部救护者行头胸锁固定并报告。

· 位头部救护者与位腿部救护者安放两侧头部固定器。

· 位头部救护者上紧头部固定器额约束带。

· 位肩部救护者松开锁头部手。

· 位头部救护者上紧头部固定器骼约束带。

· 位肩部救护者松开锁胸手。

· 位肩部救护者与位腿部救护者将伤患双手交叉放在腹部。

· 位腰部救护者取三角巾十字固定伤患双手。

· 位头部救护者与位肩部救护者蹲跪于伤患头侧两边。

· 位腰部救护者与位腿部救护者蹲跪于伤患下肢两边。

· 四人同步抬起脊柱固定板，并运走伤患。

七、静脉通道建立

1.输液

输液是利用大气压和液体静压形成的输液系统内压高于人体静脉压的原理，将一定量的无菌溶液或药液直接输入静脉的方法。

输液需要定量、定性、定速，先盐后糖、先浓后淡、先快后慢，见尿补钾、惊跳补钙。输液的目的是补充水分和电解质，以调节或维持人体内水、电解质和酸碱平衡；补充营养，供给能量，促进组织修复；输入药物，治疗疾病。

（1）适应证与禁忌证。

1）适应证：需补充体液的伤患；需经静脉通道补充营养的伤患；严重感染、需抗生素治疗的伤患；需经静脉通道补充其他物质的伤患。

2）禁忌证：心肌疾病、心力衰竭、高血压伤患；肾功能减退，特别是急性肾功能衰竭无尿期伤患；肺实质广泛性炎症、肺充血、肺水肿伤患；穿刺部位有炎症、肿瘤、外伤、疤痕的伤患；有严重出、凝血倾向，血小板明显减少或用肝素、双香豆素等进行抗凝治疗暂禁穿刺者。

（2）操作准备。

1）器材准备。①常规用物：注射盘（内置碘伏、无菌镊子、棉棍、棉球、瓶套、开瓶器、止血带、小垫枕、胶布）、污物盘、温手巾、止血带浸泡桶、输液架、治疗巾、输液贴、输液治疗单；②密闭式输液另备一次性输液器，开放式输液另备开放式输液瓶；③静脉留置输液另备静脉留置针、5mL注射器、肝素稀释溶液、透明敷贴；④头皮静脉输液另备4～5号头皮针1～2个、5mL注射器一具、纱布、剃头刀；⑤颈外静脉输液另备无菌穿刺包，内置穿刺针2根、橡胶管2条、5mL注射器2具、尖头刀片、镊子、纱布、洞巾、弯盘、利多卡因注射液、无菌手套、胶布、透明敷贴、肝素帽、稀肝素溶液；⑥根据医嘱填写输液卡、备药，认真核对药物的名称、浓度、剂量和有效期，检查瓶口有无松动、瓶身有无破裂现象，对光线检查药液的质量，观察有无浑浊、沉淀、絮状物等，去除铝盖中心部分，套上瓶套，常规消毒瓶口，按医嘱加入所需药物后，应再将药液检查一次。填好输液卡，倒贴在输液瓶上。

2）人员准备。告知伤患输液的目的；取得伤患的配合；自身着装整洁、洗手、戴口罩。

（3）操作方法。

1）密闭式输液法。

· 核对伤患及药品信息。

· 倒挂输液瓶于输液架上，将排气管与输液管进行接驳。

· 输液管排气。方法一：关闭调节器，倒置墨菲滴管，当液体装满墨菲滴管的1/2～2/3，将墨菲滴管顺置后打开调节器，使药液顺输液管流下并充盈，待排空输液管内气体后，关闭调节器；方法二：将墨菲滴管下段输液管反折闭合后挤压滴管，使液体装满墨菲滴管的1/2～2/3，松开反折的输液管，使液体流下并充盈，待排空输液管内气体后，关闭调节器。

· 尽量协助伤患取舒适体位，选好输液静脉并找准穿刺点，注意避开关节及静脉瓣，在穿刺点近心端6cm处扎止血带。

· 以穿刺点为中心向外画圆的方法，用碘伏进行消毒。

· 嘱伤患握拳，使静脉充分显现，进行静脉穿刺，见回血再将针头平行进入少许，固定针叶，“三松”（松开止血带和调节器，嘱伤患松拳）。如输液通畅，即可用输液贴固定。

·调节滴速：一般成人40～60滴/min，儿童20～40滴/min。

·协助伤患取舒适卧位，再次查对，交代注意事项，如不可随意调节滴速，注意保护输液部位，如发现溶液不滴、输液部位肿胀、疼痛及全身不适应，及时呼叫（将呼叫器放在伤患易取处），以便及时处理。

·清理消毒用物。洗手，记录输液时间、滴速。在输液过程中应定时巡视，随时观察伤患反应及输液情况。

·如需连续输液，应及时更换输液瓶。其方法为：查对后，先去除铝盖中心部分，套上瓶套，常规消毒瓶塞后，按医嘱加入所需药物，挂于输液架上，从第一瓶内拔出输液针头，插入第二瓶内，待输液畅通后方可离开伤患。每次更换均应记录。

·输液完毕，关闭调节器，除去输液贴，用无菌纱布轻按压穿刺点上方，迅速拔出针头，按压片刻至不出血。

2）静脉留置针输液法。

·按密闭式输液法核对、检查、准备，插好输液器并排尽空气。

·检查静脉留置针和敷贴的型号合适、在有效期内、包装完好不漏气，打开备用。

·协助伤患取舒适体位，选好输液部位，垫小垫枕，选择粗、直、弹性好、清晰的静脉，确定穿刺点，在其上方10cm处扎止血带，常规消毒皮肤。

· 取出静脉留置针，把输液器上的头皮针全部插入肝素帽，取下护针帽，旋转针芯，松动外套管，以免粘连，调整针头斜面，排尽空气。

· 嘱伤患握拳，使静脉充盈，绷紧皮肤，手持针翼，以 15° ～30° 角直接刺入血管，见回血后压低角度再进针少许，撤针芯将外套管送入静脉内，松开止血带和调节器，嘱伤患松拳，待输液通畅后退出针芯。

· 用无菌透明敷贴妥善固定导管，并在透明膜上记录留置日期、时间。

· 整理与记录同密闭式输液法。

· 输液完毕，抽好封管液，正确封管。关闭调节器，将抽好封管液的注射器与输液针头相接，将封管液注入静脉，一边推注一边退针，直至针头全部退出，以确保正压封管。

· 再次输液，常规消毒肝素帽胶塞，把排好气的输液器头皮针全部刺入即可。

· 输液时要加强巡视，注意倾听伤患的主诉，并观察局部静脉有无红、肿、热、痛等，如有异常，及时处理。

· 停止输液，同密闭式输液法拔针。

2. 输血

准备输血时先鉴定供血者与受血者血型，血型相符的输血前也必须做交叉配血检验，反复输血的受血者还要检验供血者与受血者RH血型。不同血型间输血只在紧急情况下进行，但要注意输血量、速度及受血者的反应。

输血的目的是补充血容量，可增加心排血量，提高血压，促进血液循环，常用于失血、失液引起的血容量减少或休克伤患；补充血红蛋白，促进血液携氧功能，常用于贫血伤患；补充凝血因子和血小板，有助于止血，常用于凝血功能障碍的伤患；补充抗体、补体，增强机体免疫能力，常用于严重感染的伤患；补充白蛋白，以维持胶体渗透压，减轻组织渗出和水肿，常用于低蛋白血症的伤患。

（1）适应证与禁忌证。

1）适应证。

·急性出血。急性出血为输血的主要适应证，特别是严重创伤和手术时出血。一次失血量低于总血容量10%（500mL）时，无血容量不足的表现，可以不输血。失血量低于总血容量20%（500～800mL）时，应根据有无血容量不足的症状及严重程度，同时参考血红蛋白和血细胞比容（HCT）的变化选择治疗方案。当失血量超过总血容量20%（1 000mL）时，应及时输注适量全血。

·贫血或低蛋白血症。常因慢性失血、红细胞破坏增加或清蛋白合成不足引起。手术前如有贫血或低清蛋白血症，应予纠正。贫血而血容量正常的伤患，原则上应输注浓缩红细胞；低蛋白血症者可补充血浆或清蛋白液。

· 重症感染。全身严重感染或脓毒血症、恶性肿瘤化疗后所致严重骨髓抑制继发难治性感染者，可通过输血提供抗体和补体，以增加抗感染能力。

2）禁忌证。并发急性肺水肿、肺栓塞、充血性心衰、恶性高血压、真红（真性红细胞增多症）等禁止输血；肾功能不全者慎输血。

（2）操作准备。

1）器材准备。

· 备血。输血前根据医嘱，抽取伤患血标本2mL，与已填写完整的输血申请单、配血单一起送交血库，作血型鉴定和交叉配血试验。

· 取血。凭取血单到血库取血，和血库人员一起进行“三查八对”。“三查”：血的有效期、血的质量、输血装置是否完好；“八对”：伤患的床号、姓名、住院号、血型、交叉配血试验结果、血袋号、血的种类、剂量。核对完毕，在交叉配血试验单上签上核对者全名（注意：血液从血库取出后，勿剧烈震荡，以防红细胞大量破坏而引起溶血。库血不能加温，当伤患输入库血较多时，可在室内放置15～20min后再输入）。

2）人员准备：对伤患解释，使其了解输血的目的，嘱其排便，取舒适体位。自身衣物整洁、洗手、戴口罩。

3）输血前准备。

· 直接输血法。注射盘：内备50mL注射器数具（按输血量决定)、9号穿刺针头、3.8%柠檬酸钠等渗盐水溶液，其余同静脉注射用物；一次性手套。

·间接输血法。同密闭式静脉输液用物，将一次性输液器换为一次性输血器(滴管内有过滤网，穿刺针头为9号)；生理盐水、血液制品。

(3)操作方法。①洗手，戴口罩，做好准备，仔细查对；②携物至伤患床旁，核对伤患信息，做好解释，以取得伤患合作；③协助伤患取舒适体位，按密闭式输液法进行静脉穿刺，先输入少量生理盐水；④仔细进行“三查八对”，认真核对血液；⑤打开贮血袋外封口，取出贮血袋，将血液轻轻摇匀，确认生理盐水滴入通畅后，将贮血袋挂于输液架上；⑥用止血钳夹住塑料管根部，常规消毒套有橡胶管的部分，拔出输血管插瓶针头，插入已消毒的橡胶管处的中点，注意用力要适当，以防刺出管外，然后松开止血钳；⑦调节输血速度，开始应少于20滴/min，观察10～15min，如无不良反应，再根据病情需要调节滴速，成人一般为40～60滴/min，老人及儿童酌情减少；⑧向伤患交代注意事项，整理床单位、清理用物、洗手、记录；⑨血液输完后，再继续输入少量生理盐水，使输血管内的血液全部输完，拔针，按压时间应长于静脉输液，直至不出血；⑩安置伤患，整理床单位，清理用物；⑪洗手，记录输血时间、种类、剂量、血型、血袋号、有无输血反应等。

八、中暑

根据中暑后临床表现的轻重，中暑可分为先兆中暑、轻症中暑和重症中暑，它们之间的关系是渐进的。

1.先兆中暑

在高温环境下，中暑者出现头晕、眼花、耳鸣、恶心、胸闷、心悸、无力、口渴、大汗、注意力不集中、四肢发麻，此时体温正常或稍高，一般不超过37.5℃。此为中暑的先兆表现，若及时采取措施，如迅速离开高温现场等，多能阻止中暑的发展。

2.轻度中暑

除有先兆中暑表现外，还有面色潮红或苍白、恶心、呕吐、气短、大汗、皮肤热或湿冷、脉搏细弱、心率增快、血压下降等呼吸、循环衰竭的早期表现，此时体温超过38℃。

3.重度中暑

不仅有先兆中暑、轻症中暑的表现，还伴有昏厥、昏迷、痉挛或高热的症状。重度中暑还可继续分为：①中暑高热：即体内大量热蓄积。中暑者可出现嗜睡、昏迷、面色潮红、皮肤干热、无汗、呼吸急促、心率增快、血压下降、高热，体温可超过40℃；②中暑衰竭：即体内没有大量积热。中暑者可出现面色苍白、皮肤湿冷、脉搏细弱、呼吸浅而快、晕厥、昏迷、血压下降等；③中暑痉挛：即与高温无直接关系，而发生在剧烈劳动与运动后，由于大量出汗后只饮水而未补充盐分，导致血钠、氯化物降低，血钾也会降低，而引起阵发性疼痛性肌肉痉挛（俗称抽筋），口渴，尿少，但体温正常；④日射病：即强烈的阳光照射头部，造成颅内温度增高。中暑者出现剧烈头痛、头晕、恶心、呕吐、耳鸣、眼花、烦躁不安、神志障碍，重者发生昏迷，体温可轻度增高。

发生重度中暑时，应尽速送医院急救，以免引起休克及肾脏衰竭等并发症。但在送往医院之前，仍需做一些急救处理：①迅速撤离引起中暑的高温环境，选择阴凉通风的地方休息；②补给水分，最好是含盐的饮料，或者矿泉水；③做降温处理：为患者泼水而不是让他浸入冷水中，泼在皮肤上的水蒸发较快，以增加降温的效率，或者用冷毛巾湿敷患者，如果可能，将患者移到有冷气设备的地方；④在额部、颞部涂抹清凉油、风油精等，或服用人丹、十滴水、藿香正气水等中药；⑤如果出现血压降低、虚脱时，应立即平卧，及时上医院静脉滴注盐水。

九、冻伤

冻伤按其性质、严重程度，一般分为四级。①一度冻伤（冻结伤）：表现为红斑、水肿、皮肤麻痹和短暂的疼痛。皮损可以完全恢复，仅伴有轻度脱屑。②二度冻伤：以明显的充血、水肿和水疱为特点，疱液清亮。皮损可以愈合，但可留有长期的感觉神经病变，常伴有明显的冷过敏。③三度冻伤：包括真皮全层损伤，伴有血疱形成或蜡状、干燥、木乃伊样皮肤。组织丧失，预后不良。④四度冻伤：皮肤全层的彻底丧失，包括皮肤、肌肉、肌腱和骨骼的破坏，可导致截肢。

当发生冻伤事故后，用温水（38～42℃）浸泡患处，浸泡后用毛巾或柔软的干布进行局部按摩。患处若破溃感染，应在局部用65%～75%的酒精或1%的新洁尔灭消毒，吸出水泡内液体，外涂冻疮膏、樟脑软膏等，保暖包扎。必要时应用抗生素及破伤风抗毒素。对于全身冻僵者，要迅速复温。先脱去或剪掉患者湿冷的衣裤，在被褥中保暖，也可用25～30℃的温水进行淋浴或浸泡10min左右，使体温逐渐恢复正常，但应防止烫伤。如有条件可让患者进入温暖的房间，给予温暖的饮料，使伤员的体温尽快提高。同时将冻伤的部位浸泡在38～42℃的温水中，水温不宜超过45℃，浸泡时间不能超过20min。发生冻僵的伤员已无力自救，救助者应立即将其转运至温暖的房间内，搬运时动作要轻柔，避免僵直身体的损伤。然后迅速脱去伤员潮湿的衣服和鞋袜，将伤员放在38～42℃的温水中浸浴；如果衣物已冻结在伤员的肢体上，不可强行脱下，以免损伤皮肤，可连同衣物一起入温水，待解冻后取下。

十、常见中毒及处置方法

中毒是指外部物质进入人体后，与人体组织引发反应，造成暂时性或持久性的损害。在临床上，我们把中毒分为慢性中毒、亚急性中毒、急性中毒三种。其中急性中毒发病突然，病情恶化迅速，在短时间内就会引起人员死亡，所以应尽快辨别并采取急救措施，挽救生命。

能够引起人体中毒反应的物质无外乎两种物质：化学性物质、生物性物质。化学性物质又分为工业化学剂、药物、军用毒剂等，生物性物质分为动物自身毒素和植物毒素。

当化学性毒物和生物性毒物进入人体后，是否会引起中毒现象还要综合考虑多种原因，如毒剂的毒性、进入人体的数量和时间长短、伤患自身体质的差异（如对毒剂的敏感性和耐受性）等方面。

1.有机磷类

有机磷类全称有机磷酸酯类，通常是一种有特殊气味（蒜臭味）的油状液体，具有很强的挥发性，一般呈油状或黄白色结晶体，在多种有机溶剂中比较容易溶解，不溶或微溶于水，在农业上多用于病虫害防治，在二战期间曾被作为化学武器研发。目前正在向着高效、低毒方向发展。

有机磷农药中毒是指通过呼吸道、消化道吸收，经皮肤进入人体后，迅速随血液散布到全身各重要脏器引发的中毒现象。

（1）中毒机制。有机磷进入人体后，会在脂肪组织中存储，为血液浓度的20～50倍。经过肝脏进行氧化代谢和分解代谢，氧化产物毒性增强，分解产物毒性降低。经过肾脏，代谢后排出，少量由呼吸道及粪便排出，不会在体内积蓄。有机磷农药会抑制胆碱酯酶的活性，与它结合，形成磷酰化胆碱酯酶，失去分解乙酰胆碱的功能，以至于乙酰胆碱会在生理效应部位聚积，导致胆碱能神经过度兴奋，如交感神经节前纤维、副交感神经节前纤维与节后纤维、横纹肌的运动神经肌肉接头、控制汗腺分泌和血管收缩的交感神经节后纤维及中枢神经系统等。随后会出现衰竭现象，中毒严重者可能会因为呼吸衰竭死亡。还有一部分有机磷农药会与脑、脊髓中的特异蛋白质“神经毒酯酶”结合，使轴索发生变化，引起迟发性神经毒作用。

（2）临床表现。有机磷农药中毒事件常发生于农业生产，喷洒过程中经过皮肤、呼吸道吸收，也发生于生活中误食、投毒、自杀等。经消化道进入人体5～10min即可出现症状，经皮肤或者呼吸道进入人体的，中毒现象较轻，毒素在体内的潜伏期较长。

在临床上，参考全血胆碱酯酶活力，可将有机磷农药中毒划分为三级：①轻度中毒：24h内出现头晕头痛、恶心呕吐、多汗、胸闷、视力模糊、无力、瞳孔缩小等症状。抽血化验结果全血胆碱酯酶活性在50%～70%之间。②中度中毒：除了出现以上临床症状外，伤患还有可能会出现大汗淋漓、肌颤、瞳孔缩小如针尖状、呼吸困难、流涎、腹痛腹泻、步态不稳、意识模糊等症状。抽血化验结果全血胆碱酯酶活性在30%～50%之间。③重度中毒：除了上述临床症状外，伤患还有可能会出现昏迷、抽搐、肺水肿、呼吸困难、脑水肿等症状。抽血化验结果全血胆碱酯酶活性在30%以下。

胆碱能危象为急性有机磷农药中毒的典型表现，表现为：

1）毒蕈碱样症状：又称M样症状，出现最早，为副交感神经兴奋所致，表现为腺体分泌增加、多汗、缩瞳、流涎、恶心、腹痛、腹泻、支气管平滑肌痉挛、呼吸困难、尿失禁、心动过缓、血压下降和心律失常等。

2）烟碱样症状：又称N样症状，乙酰胆碱在横纹肌神经肌肉接头处过度蓄积和刺激，引起肌张力增强、肌纤维震颤、肌肉痉挛、全身紧缩感和压迫感，进而出现肌无力、呼吸肌麻痹致周围性呼吸衰竭。交感神经和肾上腺髓质兴奋可出现血压升高、心率增快和心律失常。

3）中枢神经系统症状：出现头晕、头痛、视物模糊、软弱无力、共济失调，后出现烦躁不安、谵妄、抽搐、意识障碍、昏迷。

4）中间肌无力综合征：一部分伤患（约7%）在重度中毒症状控制后，出现第Ⅲ～Ⅶ对和第Ⅸ～Ⅻ对脑神经支配的肌肉、四肢近端肌肉、屈颈肌及呼吸肌麻痹。表现为上睑下垂、眼外展受限及面瘫，上下肢活动困难、不能抬头，声嘶、复视、伸舌不能、咀嚼困难。重者出现胸闷、憋气、发绀，呼吸浅快以致呼吸衰竭，在中毒后24～96h内突然死去，因在迟发性神经病之前，故称“中间肌无力综合征”可能与胆碱酯酶受到长期抑制，乙酰胆碱过度蓄积，引起神经肌肉突触后功能下降有关。

5）迟发性多发性神经病：有少数中毒伤患在急性症状缓解后2～4周，出现感觉、运动型多发性神经病变，主要累及肢体末端。表现为进行性肢体麻木、刺痛，呈对称性手套、袜套形感觉异常，伴有肢体萎缩无力，重者发生瘫痪，尤以下肢明显。存活者于6个月或12个月后症状有所缓解。

6）其他包括局部皮肤损害，如过敏性皮炎；心脏损害程度与剂量有关；心肌酶谱有不同程度升高，心电图（EKG）显示期前收缩、传导阻滞、ST–T改变、Q–T间期延长，重者发生室速、室颤而死亡；肝损害，血清转氨酶升高，有黄疸出现；肾损害，血尿、蛋白尿，重者出现急性肾衰竭。

（3）辅助检查。

1）全血胆碱酯酶活力测定。全血胆碱酯酶（ChE）活力测定是诊断有机磷农药中毒的特异性实验指标，对中毒程度轻重、疗效判断和估计均极为重要。

2）尿中有机磷农药分解产物测定。对硫磷和甲基对硫磷在体内氧化分解生成对硝基酚由尿排出，美曲膦酯中毒时尿中出现三氯乙醇，有助于有机磷农药中毒的诊断。

3）血及胃液的检查。对伤患血液、胃液中有机磷农药及其代谢产物的检测，也有益于中毒的诊断与鉴别诊断。

4）动脉血气分析。了解血电解质、酸碱失衡、氧分压等。

（4）诊断依据。根据有机磷农药接触史，伤患呼出有蒜味的气体，有恶心、呕吐及全身中毒症状，如瞳孔缩小呈针尖样、腺体分泌量增多、大汗淋漓、肌纤维颤动和意识障碍等做出初步诊断，结合全血胆碱酯酶活力下降可确诊为急性有机磷中毒。主要依据：典型临床表现；确切口服或接触史、接触方式、品种与剂量等；全血胆碱酯酶活力下降；实验性治疗阿托品1～2mg静推，如出现口干、心悸、皮肤发热、视物模糊、瞳孔散大等可排除诊断；无反应或症状稍减轻，有助于诊断。氯解磷定0.5g肌内注射，观察病情变化。

（5）鉴别诊断。应与中暑、安眠药中毒、急性胃肠炎、心脑血管意外鉴别，急性有机磷农药中毒常有并发症出现，还应与其他疾病引起的类似症状相鉴别。

1）脑水肿。有机磷农药中毒常有脑水肿发生，重者可死于脑疝。当应用足量解毒药治疗后，伤患其他症状已明显好转，而意识障碍仍不见好转，呼吸不规则，抽搐、肌肉痉挛，出现球结膜充血、水肿，两侧瞳孔不等大或视盘水肿，中枢性呼吸衰竭，相对缓脉，血压升高，头痛及频繁喷射性呕吐时，应考虑有脑水肿的发生。

2）中毒性心肌损害。出现心音低钝，心律失常或呈奔马律，心电图显示ST-T改变、Q-T间期延长、传导阻滞、异位节律、扭转性室速或室颤等。

3）可导致猝死。原因有：中枢性呼吸衰竭，脑水肿、脑疝，严重心律失常，急性呼吸窘迫综合征（ARDS）。在乐果中毒中，中毒性心肌损害所致严重心律失常较常见。

4）上消化道出血。敌敌畏、乐果等引起腐蚀性胃炎，重度中毒时，易发生应激性溃疡。插胃管、洗胃过程造成的损害，均易导致出血。

5）肺部感染。呼吸道分泌物增加引起肺水肿，或昏迷伤患呕吐物吸入肺内，并发肺炎。

6）急性坏死性胰腺炎。急性中毒时，胰腺痉挛，腺体分泌增加，小的腺管破裂导致自身消化，出现急性出血性坏死性胰腺炎。

7）迟发性死亡动物实验研究发现，在中毒2～8d内引起迟发性死亡，肺损伤是主要死因。有机磷农药中的杂质三烷基硫代磷酸酯是造成迟发性死亡的重要原因。

（6）急救措施。

1）清除毒物。为了防止伤患对毒物的继续吸收，发现伤患后，在确保自身安全的情况下，迅速使伤患脱离中毒环境，受到污染的皮肤使用温肥皂水、碳酸氢钠滴耳液彻底清洗干净，水温不宜过高，因为这有可能会加速吸收。如果毒物不慎飞入眼中，应迅速用清水或2%碳酸氢钠冲洗10～20min；经过口服中毒的伤患，应尽早使用生理盐水或2%～3%碳酸氢钠溶液洗胃（美曲膦酯禁用碱性溶液，毒物不明时使用清水洗胃）。洗胃时应注意以下几点：插胃管时一定要轻柔，防止胃出血及胃穿孔；洗胃前，应先将胃内容物抽净，然后注入洗胃液，每次注入的量不应多于300mL；反复操作，直至洗出的液体变清，没有异味为止。

洗胃后可注入吸附剂，如药用炭悬浮液30～50g，用来进一步吸附毒物，并注入50%硫酸镁60～100mL或20%甘露醇200～400mL，用来导泻。

如果伤患已经陷入了昏迷状态，在进行洗胃时一定要严密监护，插管有困难时，可以选择使用喉镜作为辅助。如果伤患存在呼吸衰竭、抽搐等症状，先要建立呼吸循环，然后进行洗胃。在清除毒物的过程中，应该尽早使用有机磷解毒药，已达到挽救生命和缓解病情的作用。

2）特效解毒药的应用。

• 抗胆碱药：阿托品和莨菪碱类是能有效阻断毒蕈碱样作用和解除呼吸中枢抑制的有效药物。阿托品的应用原则是早期、足量、反复用药，尽快达到阿托品化。山莨菪碱对解除平滑肌痉挛、抑制分泌物、改善微循环及调节体温方面有较好的疗效，并无大脑兴奋作用，可以适当应用。

• 长托宁（盐酸戊乙奎醚）是我国合成的新型抗胆碱药，对胆碱能受体M受体亚型具有选择性，和目前常用的抗胆碱药阿托品（对M受体亚型无选择性）相比，在许多方面具有优越性，表现在比阿托品不良反应少或轻，有效剂量小，抗胆碱作用强而全面，持续作用时间长。首剂：成人轻度中毒0.5mg，中度中毒2～4mg，重度中毒4～6mg，根据病情、N样症状及阿托品化表现来调整长托宁的用量。应注意长托宁对心率及瞳孔的影响小，因此在应用长托宁治疗时，心率、瞳孔大小不作为是否阿托品化的观察指标。

• 胆碱酯酶复能剂：复能剂能使受抑制的ChE复能，并可以减轻或消除烟碱样作用。常用的有碘解磷定（PAM-I）、氯解磷定（PAM-Cl）和双复磷（DM04）。前两者对内吸磷、对硫磷、甲胺磷、甲拌磷等中毒有效，后者对敌敌畏及美曲膦酯中毒效果好。此类药物应于中毒后24h内应用，72h后减量，首次冲击量宜给予15～30mg/kg静注，此后2～4h内，给予碘解磷定500mg/h维持至胆碱能危象缓解为止。其不良反应有短暂的眩晕、视物模糊、血压升高，用量过大，可引起抽搐，抑制胆碱酯酶活力，并出现感觉异常、恶心、呕吐、面红、心律失常等。

3）对症处理。有机磷中毒的主要死因为肺水肿、呼吸肌瘫痪或呼吸中枢衰竭，休克、急性脑水肿、心肌损害即心搏骤停等也是重要死因。因此，对症治疗应以维持正常呼吸功能为重点。一旦出现呼吸肌麻痹，立即行气管插管术或切开，保持气道通畅，心律失常时应用抗心律失常药，及时纠正电解质和酸碱平衡。危重伤患可用血液透析或血液灌流加腹膜透析。早期、反复应用，能有效清除血液内的有机磷农药。为防止病情复发，重度中毒伤患在中毒症状缓解后逐步减少解毒药用量，直到症状消失后停药，一般至少观察3～7d。

（7）预后。轻度、中度中毒伤患经及时治疗均能治愈，重度中毒有并发症伤患，预后较差，病死率较高。

2. 百草枯

百草枯，俗名“一扫光”，是一种速效触杀型除草剂，多用于农业生产，在全球超过100个国家登记注册并使用。因其能够在使用后快速地发挥作用，因此被大量制造，每年仅中国就有近万起百草枯中毒事件，因其属于联苯吡啶类化合物，有较强的毒性，且无特效解毒药，伤患口服5～15mL即可致死，口服后的死亡率高达95%。百草枯同其他毒物一样，也可以通过消化道、呼吸道和皮肤吸收，因此在生产过程中应该注意使用个人防护装备。

（1）中毒机制。百草枯进入人体后，经过吸收会随着血液遍布全身，会损伤心肺肝肾等重要内脏器官，主要会在肺细胞和肾细胞聚积，通过所含物质中的双吡啶离子氧化还原，产生对组织有害的超氧化物（氧自由基），它会诱导脂质产生过氧化反应，破坏细胞的防御功能，引起肺部损伤，表现为超常增生和肺部纤维化，造成气体交换功能障碍，还会引起肾小管的坏死，造成肾衰竭。当伤患中毒剂量较大时，伤患有可能会因为多脏器功能衰竭而迅速死亡。

（2）临床表现。绝大多数的百草枯中毒事件是由于自杀吞服所导致，伤患的临床表现与百草枯吞服量有着很大的关系。当毒性成分进入人体的量小于20mg/kg时，一般无明显反应，或者仅有少量胃肠道症状，通常会经过人自身代谢恢复正常；一旦进入人体的量达到20～40mg/kg时，胃肠道、肺部、肝部、肾部即会产生损伤，肺部出现纤维化现象，可能会在2～3周后出现死亡。当进入人体的量超过40mg/kg时，胃肠道、肺部、肝部、肾部会严重受损，发展速度较快，在1～7d内的死亡率高达100%。

百草枯的毒性较强，会产生多方面的损伤，主要分为以下几种：

1）腐蚀作用：百草枯为速效触杀型灭生性季铵盐类除草剂，具有较强的腐蚀性。人在没有个人防护状态下接触百草枯溶液后有可能会引起皮肤干裂，组织损伤，严重的有可能会引起指甲脱落。皮肤长期接触会出现水疱和溃疡；通过鼻黏膜吸收，引起鼻出血；眼睛在接触毒物后会出现严重的结膜炎，长期不愈合就会逐渐发展成为永久性角膜混浊甚至失明。通过口服的伤患会造成口咽部腐蚀、烧灼，严重的会引起口部和喉结部位溃疡。

2）呼吸系统：毒物进入人体后，会跟随血液循环系统，在伤患肺部聚集，造成肺部出现脏器损害，肺部出现纤维化现象，伤患口服后会出现烧灼现象，严重的有可能会导致人员死亡。在早期胸部X光检查中可能会显示正常，但是在两天后的检查中就很有可能会出现肺炎、肺不张、肺水肿、肺纤维化等症状，一旦出现肺部病变，治疗难度会急剧增加。

3）消化系统：如果伤患是口服毒物，那么在数小时内就会出现恶心呕吐、腹痛腹泻等情况，情况严重者会出现胃穿孔等症状，还有可能出现急性中毒性肝病、肝功能异常、肝功能衰竭等，严重影响自身体内循环。

4）泌尿系统：由于毒物会影响肾功能，继而引发膀胱炎等其他症状，如血尿、蛋白尿等，2～6d会可能出现急性肾功能衰竭。

5）中枢神经系统：毒物经过吸收后，会伴随血液遍布全身，会严重影响神经系统，最明显的症状就是头晕头痛，出现抽搐和幻觉。

6）其他：少数病例可能发生心肌损害、低血压和脑水肿等。

（3）辅助检查。常规检查血常规、尿常规，肝、肾功能及血电解质等；影像学检查胸部X线片、胸部CT和心电图等；尿碱和硫代硫酸钠测定阳性提示有百草枯中毒的可能性，如尿检测为阴性可于摄入百草枯6h后再次测定，如仍为阴性则表明出现严重损害的可能性较小；血清百草枯测定通过定量分析血中百草枯含量预测病情的严重程度和对预后作出判断。样本的采集应在服药后4h，血样要保存在塑料试管内。

（4）诊断依据。百草枯接触或口服史，伤患本人或其他知情者的描述及发现空的百草枯包装和（或）残留物；临床表现，剧烈呕吐、口腔黏膜红肿疼痛甚至溃疡形成，以及以肺损害为主并伴有多系统损害的临床表现；实验室检查，尿碱和硫代硫酸钠阳性或血清中发现有百草枯。

（5）急救措施。虽然目前对于救治中毒事件的方法手段多种多样，但是针对百草枯中毒的伤患还没有很有效的治疗方法，也没有特效的解毒药物，所以这也是百草枯中毒有着高死亡率的原因。因此目前主要的治疗手段主要有洗胃、导泻、血液透析、抗自由基药物、免疫抑制药、抗百草枯抗体等方法，但是这些治疗手段均效果不佳。

1）洗胃。减少毒物的吸收。当确定伤患是百草枯中毒后，就要在第一时间进行洗胃工作，使用碱性液体进行反复的灌肠与洗胃，并不断刺激咽喉部催吐，清洁皮肤。由于百草枯具有很强的腐蚀作用，对胃黏膜伤害较大，因此在洗胃及灌肠时，一定要特别注意胃出血和肠出血的发生，谨慎操作。洗胃完成后进行全肠灌洗，并选择口服300mL的20%漂白土悬液、60%药用炭悬浮液、100～150mL的20%甘露醇、15g硫酸镁，每2～3h交替使用，持续使用一周。

加速毒物排出。毒物进入人体后，需要进行血液灌流，最佳时机是在中毒后的6～12h内，这是治疗百草枯中毒必不可少的一项措施，进行血液灌流时，炭罐要及时更换，每3h更换一次，可以连续进行2～3d，直至血液中的毒物浓度降低。

2）药物治疗。使用抗自由基的药物，应用抑制免疫药物，如环磷酰胺、激素。清除氧自由基，包括维生素C、维生素E、谷胱甘肽、乙酰半胱氨酸等。

3）氧气治疗。氧疗会加速氧自由基在伤患体内的形成，加速伤患死亡，除非到了特别需要的情况，一般在动脉氧分压小于40mmHg时才给予大于21%浓度的氧疗。

4）对症治疗。对存在感染症状的伤患积极进行控制感染的治疗，对存在呼吸衰竭的伤患积极进行打开气道操作，如气管插管、气管切开术等，对于存在肾衰竭的伤患积极采用血液透析治疗等。

（6）预后。百草枯中毒的轻重取决于多种方面的原因，伤患的年龄、进入体内毒物的数量、入院时肝肾心肺功能状况等都会影响伤患入院后的治疗效果，假如人体内百草枯中毒的损伤机制开始启动，由于目前尚无有效的治疗手段，预后效果较差。

3. 氰化物

氰化物为含有氰基（-CN）的化合物，是常用的化工原料，分为无机氰化物（氰类）和有机氰化物（腈类）两类，前者主要有氢氰酸、氰酸盐（氰化钾、氰化钠、氰化铵、亚铁氰化钾等）及卤素氰化物（氯化氰、溴化氰、碘化氰）等，后者主要有丙腈、丙烯腈、乙腈等。在职业活动中，接触氰化物可引起急性氰化物中毒；而在非职业活动中接触氰化物或进食含氰甙的植物果实和根部（如苦杏仁、枇杷仁、桃仁、木薯、白果等都含有氰化物）也可引起急性氰化物中毒。口服致死量氢氰酸为0.06g，氰酸盐0.1～0.3g。

（1）中毒机制。氰化物进入人体后析出氰离子，与细胞线粒体内氧化型细胞色素氧化酶的三价铁结合，阻止氧化酶中的三价铁还原，妨碍细胞正常呼吸，组织细胞不能利用氧，造成组织缺氧，导致机体陷入内窒息状态。另外某些腈类化合物的分子本身具有直接对中枢神经系统抑制的作用。

氰化物的毒性与氰离子（CN^-）对重金属离子的超强络合能力有关。CN^-主要跟细胞色素P450中的三价铁离子结合，从而使其失去在呼吸链中起到的传递电子的能力，进而使中毒者死亡。氰化物中毒一般都很快速。临床上常用的抢救方法是用硫代硫酸钠溶液进行静脉注射，同时使那些尚有意识的伤患吸入亚硝酸异戊酯进行血管扩张来缓解缺氧症状。常见的氰化物中毒原因是误食含氰果仁儿，比如苦杏仁儿、白果等，中毒后会发出一种独特的苦杏仁味。

无机和有机氰化物在工农业生产中应用广泛，尤其是电镀工业常用氰化物，故易获得，常被用于自杀或他杀。民间常有食用大量处理不当或未经处理的苦杏仁、木薯而致意外中毒者。

氰化物进入机体后分解出具有毒性的氰离子，氰离子能抑制组织细胞内42种酶的活性，如细胞色素氧化酶、过氧化物酶、脱羧酶、琥珀酸脱氢酶及乳酸脱氢酶等。其中，细胞色素氧化酶对氰化物最为敏感。氰离子能迅速与氧化型细胞色素氧化酶中的三价铁结合，阻止其还原成二价铁，使传递电子的氧化过程中断，组织细胞不能利用血液中的氧而造成内窒息。中枢神经系统对缺氧最敏感，故大脑首先受损，导致中枢性呼吸衰竭而死亡。此外，氰化物在消化道中释放出的氢氧离子具有腐蚀作用。吸入高浓度氰化氢或吞服大量氰化物者，可在2～3min内呼吸停止，呈“电击样”死亡。

口服氢氰酸致死量为0.7～3.5mg/kg，吸入的空气中氢氰酸浓度达0.3mg/L即可致死，口服氰化钠、氰化钾的致死量为1～2mg/kg。成人一次服用苦杏仁40～60粒、小儿10～20粒可发生中毒乃至死亡。未经处理的木薯致死量为150～300g。此外很多含氰化合物（如氰化钾、氰化钠和电镀、照相染料所用药物常含氰化物）都可引起急性中毒。

（2）临床表现。大剂量氰化物中毒常发生闪电式昏迷和死亡。摄入后几秒钟即出现烦躁不安、恐惧感、发绀、全身痉挛，呼吸立即停止。小剂量中毒可以出现15～40min的中毒过程：口腔及咽喉麻木感、流涎、头痛、恶心、胸闷、呼吸加快加深、脉搏加快、心律不齐、瞳孔缩小、皮肤黏膜呈鲜红色、抽搐、昏迷，最后意识丧失而死亡。一般可将氰化物急性中毒临床表现分成四期：

1）前驱期：口服中毒者有口部、咽部灼热感，恶心呕吐，呕吐物有苦杏仁味，同时伴有头痛、头昏、乏力、耳鸣、胸闷、大便紧迫感等。吸入中毒时可有眼、咽喉及上呼吸道刺激症状。

2）呼吸困难期：皮肤黏膜呈樱桃红色，表现为呼吸困难、脉搏加快、两侧瞳孔先缩小后扩大，此后神志迅速模糊、昏迷。

3）惊厥期：伤患意识丧失，出现强直性或阵发性惊厥，甚至角弓反张、大小便失禁。

4）麻痹期：伤患深度昏迷，全身肌肉松弛，反射消失，呼吸浅慢，最后呼吸、心跳停止。

（3）急救措施。急性氰化物中毒的病情发展迅速，故急性中毒的抢救应分秒必争，强调就地应用解毒剂。

1）对于口服中毒者，可用1：2 000高锰酸钾溶液洗胃，并刺激咽后壁诱导催吐洗胃。

2）对于吸入中毒者，应立即撤离现场，移至空气新鲜、通风良好的地方休息，用亚硝酸异戊酯1～2支击碎后倒入手帕，放在中毒者的口鼻前吸入，每2min一次，连用5～6次。

3）对症抢救。发生循环、呼吸衰竭者给予强心剂、升压药、呼吸兴奋剂、吸氧、人工呼吸等；皮肤烧伤者，可用高锰酸钾溶液冲洗，然后用硫化铵溶液洗涤。经现场急救之后，应立即送医院救治，切不可延误。

4）亚硝酸盐-硫代硫酸钠治疗法。高铁血红蛋白形成剂，如亚硝酸盐可使血红蛋白迅速形成高铁血红蛋白，后者三价铁离子能与体内游离的或已与细胞色素氧化酶结合的氰基结合形成不稳定的氰化高铁血红蛋白，而使酶免受抑制。氰化高铁血红蛋白在数分钟又可解离出氰离子，故需迅速给予供硫剂如硫代硫酸钠，使氰离子转变为低毒硫氰酸盐而排出体外。

使用时立即将亚硝酸异戊酯1～2支（0.2～0.4mL）包在清洁的布内压碎，给予吸入15～30s，5min后可重复一次，总量不超过3支，小儿每次剂量为1支。亚硝酸异戊酯用后只在体内形成少量变性血红蛋白，故仅作为应急措施。

3%亚硝酸钠10～15mL静注，每分钟注入2～3mL，小儿给予6～10mg/kg。以上两药均能降低血压，有循环障碍者慎用。

用同一针头以同一速度注入25%～50%硫代硫酸钠20～50mL，小儿给予0.25～0.5g/kg。必要时1h后重复半量或全量，以后酌情重复使用。轻度中毒者单用此药即可。

（4）辅助检查。

1）提取与净化。由于氢氰酸及其盐在酸性介质中极不稳定，易挥发，易分解，所以应及时进行检验。加之氰化物毒性大，致死量小，一般无须进行定量分析，故在定性分析时，生物样品中的氰化物不经分离就可进行检验。

2）检验方法。氰离子在碱性条件下，与硫酸亚铁作用，生成亚铁氰络盐，酸化后与三价铁离子反应生成普鲁士蓝。检验使用试剂：10%酒石酸溶液、30%硫酸。硫酸亚铁–氢氧化钠试纸：将滤纸浸入新配制的10%硫酸亚铁溶液中，取出晾干后剪成小块，临用时加一滴10%氢氧化钠即可。

检验：取适量检材捣碎，放入100mL锥形瓶中，加水成粥样，用10%酒石酸酸化后，立即在瓶口盖以硫酸亚铁–氢氧化钠试纸，然后用小火缓缓加热，待瓶中溶液沸腾后，取下试纸浸入稀硫酸中，如有氰化物存在，试纸即显蓝色斑点。

4.灭鼠药

急性灭鼠药中毒事件的发生，很大一部分原因是灭鼠药污染食物所致，少数案例是由于自杀、投毒所致，且多发于农村地区。我国每年有约十万人发生急性中毒事件，其中急性灭鼠药中毒有五万至七万人。灭鼠药中毒死亡人数是同期多种传染病死亡人数总和的3.84倍，死亡率是多种传染病的66.7倍。由于其在生产和使用过程中不易受到管控，人与动物容易误服，且毒性较强，因此急性灭鼠药中毒事件时有发生。

急性灭鼠药中毒多由于口服或经皮肤吸收所致，大多数中毒者有消化道症状，如恶心呕吐、腹痛、腹泻，严重者出现重要器官功能衰竭或凝血功能障碍，危及生命。

（1）中毒机制。灭鼠药和其他毒物一样，会通过呼吸道、消化道及皮肤接触进入人体内，严重者十几分钟内就会出现反应，如恶心呕吐、腹痛、腹泻，甚至出现重要器官衰竭和凝血功能衰竭，危及生命。

灭鼠药根据中毒机制、化学结构和烈性灭鼠药主要分为以下五类：

1）抗凝血类。此类灭鼠药是使用最为广泛的一种灭鼠药，因其成分与维生素K结构相似，进入人体后，通过与维生素K的竞争作用，取代人体内酶中的维生素K，引起维生素K缺乏，容易引起凝血酶障碍，同时损害体内毛细血管，导致严重的内出血。常见产品为敌鼠钠、华法林（杀鼠灵）等。

2）含氟类。含有这类物质的灭鼠药进入人体后，会干扰正常的三羧酸循环，导致三磷腺苷合成障碍。堆积的枸橼酸会直接刺激中枢神经系统，或者对神经系统直接起毒性作用，导致抽搐发作，还有可能会直接引起心脏损伤，引起心室纤颤，抽搐，引发呼吸功能障碍或呼吸衰竭。常见的产品为氟乙酰胺、氟乙酸钠和甘弗等。

3）有机磷类。含有此类物质的灭鼠药会抑制人体内胆碱酯酶的活性，产生胆碱能神经兴奋的症状，与有机磷杀虫剂、农药同属一种物质，代表产品有：毒鼠磷、除毒灵等。

4）无机化合物类。代表产品有磷化锌、磷化铝等，此类药物的特点是急性，高效，有一种特殊的大蒜臭味，是最早广泛应用的一种灭鼠药物。磷化锌毒性较大，对人的致死量约为40mg/kg。毒物进入人体后，会在胃酸的作用下形成磷化氢和氯化锌。这两种物质会造成细胞缺氧，并且广泛地破坏毛细血管，造成重要器官损伤，引发出血。

5）其他类。代表产品为毒鼠强，又称没鼠命，化学名为四亚甲基二砜四胺，是一种20世纪中期研发的急性杀鼠药，呈无味、无臭、有剧毒的粉状物，可经消化道及呼吸道吸收，不易经完整的皮肤吸收。对脑干有强烈的刺激作用，产生强烈的中枢神经兴奋作用，会引起阵挛性惊厥，抽搐，属于剧毒性灭鼠药。

（2）临床表现。灭鼠药中毒事件伤患的临床表现根据灭鼠药种类、剂量、伤患年龄、中毒途径的不同又有所区别：

1）抗凝血类。这种灭鼠药属于慢性灭鼠药，发病时间间隔较长，如果口服剂量较大时，在半小时内就会出现症状，一般情况下1～3d发病，会出现恶心呕吐、腹痛等症状，继而出现出血倾向，这些都是抗凝血类灭鼠药中毒的表现。当伤患中毒剂量较小时，没有出现出血倾向，一般可以不治自愈。进入人体的量到达一定值后，初期的表现为食欲不振，精神减退，出现便血、尿血的症状，牙龈出血，全身皮肤黏膜紫癜较为严重，严重者会因为肾衰竭，以及出血引起的失血性休克或脑出血死亡。

2）含氟类。轻度中毒者会出现精神萎靡、乏力，恶心呕吐，腹痛，上腹部会有烧灼感；中度中毒者会出现烦躁不安，抽搐，心肌受损导致血压下降，消化道分泌物增多，出血，并伴有呼吸急促，呼吸困难等；重度中毒者在数分钟内就会出现意识障碍，全身抽搐，心律失常，因为严重的心肌损害导致呼吸衰竭死亡。

3）有机磷类。此类灭鼠药中毒原理类似于有机磷农药中毒，会出现流涎、瞳孔缩小、肌颤、痉挛、昏迷等症状。入院后抽血化验，血液中的活性胆碱酯酶低于正常的60%～70%可以确诊。

4）磷化锌。此类灭鼠药物口服后15～120min就会出现中毒症状。根据进入人体内量的多少有不同的临床反应。轻度中毒状态下，以消化道反应较为突出，如恶心呕吐、腹痛腹泻、呼吸肌麻痹等，呕吐物中有一种特殊的电石气的臭味；重度中毒者情况比较严重，会出现意识障碍、抽搐昏迷等状况，脑心肝肾等功能会出现损伤，出现黄疸、蛋白尿、无尿、脑水肿等病症。

5）其他类（毒鼠强）。由于毒鼠强具有很强的毒性，临床症状与接触毒物的量及纯度有关，中毒者的主要表现为抽搐。轻度中毒者仅能感觉到头晕头痛、恶心呕吐；重度中毒伤患则会全身抽搐，如癫痫大发作样、口吐白沫、意识丧失，会因为剧烈的抽搐导致呼吸衰竭死亡。

（3）辅助检查。当伤患送到医院后，中毒表现可能是复杂的，中毒原因也可能是不明确的，因此在判定毒物的时候通常选择几种办法来判定毒物的种类：

1）血常规检查。抗凝血类灭鼠药中毒伤患检查会出现红细胞、血红蛋白减少等情况，检查凝血酶原时间、凝血酶原活动度有助于早期发现抗凝血类灭鼠药中毒的出血伤患。

2）肝功、肾功检查及电解质检查。毒鼠强中毒或氟乙酰胺类灭鼠药中毒者会出现肝细胞损伤、坏死，从而导致肝脏转氨酶指标异常增高。部分伤患出现肝增大的症状，毒鼠强中毒时，部分伤患会有血尿、蛋白尿、肾功能异常等症状出现，重度中毒者可有水、电解质和酸碱失衡等情况，出现低血钾、低血钠症。这些都是判断的依据。

3）毒物分析。伤患的呕吐物、洗胃液以及吃剩的食物中都可以检测出毒物种类，由此可以快速推断出灭鼠药种类。

4）脑电图、心电图。毒鼠强中毒伤患会出现阵发性抽搐，每次抽搐间隔数分钟发作，持续3～5min，有抽搐者可出现癫痫性大脑神经元异常放电，有心肌损害者会出现心律失常，少数者会出现窦性心动过速等。心电图有心肌损伤或缺血，表现为ST–T改变。

（4）诊断与鉴别诊断。判断伤患是不是灭鼠药中毒，可根据伤患的临床表现及伤患与灭鼠药的接触史，结合实验室检查，进行多方面判断。除恶心、呕吐、腹痛外，如出现出血倾向和中枢神经兴奋（如痉挛、惊厥）就有可能是灭鼠药中毒。

1）抗凝血类灭鼠药中毒，除恶心、呕吐、腹痛外，还有出血倾向。

2）磷化锌中毒可有多个脏器损害，特别是肝、肾损害的表现可作为诊断的依据。

3）有机磷类灭鼠药中毒有类似有机磷农药中毒表现，实验室检查到血液胆碱酯酶活性低有助于作出诊断。

4）毒鼠强潜伏期短、以阵发性抽搐为典型的临床表现及实验室毒物分析，可以明确诊断。

5）药物接触史不明者应与心脑血管疾病、出血性疾病及其他药物中毒等相鉴别。

（5）急救措施。灭鼠药中毒伤患的急救同其他药物中毒或者毒物口服进入人体中毒一样，采取一般的救治措施，对明确诊断者，可以针对不同的灭鼠药中毒而选择不同的急救处理方法：

1）一般急救处理。如催吐、洗胃、灌肠，使用药用炭、导泻药物等对症治疗。

2）终止毒物对人体的进一步侵害。经消化道口服毒物的伤患，当伤患处于清醒状态时，毒物进入人体内如果不超过24h，且入院前没有进行洗胃工作，针对这类伤患，应尽早进行催吐洗胃，可选择使用清水或生理盐水进行洗胃，直到洗出的液体澄清无味，总用水量要大于20 000mL。假如伤患已经陷入了昏迷状态，意识不清，洗胃时一定要防止污物呛入气道，或对伤患的胃部产生其他影响。如果伤患情况较为严重，需要留置胃管24h。在洗胃过程中还可以使用药用炭，在胃内保留1h后抽出，每间隔4h进行1次操作，在拔出胃管前，注入药用炭需要保留，一般成人为100g，儿童20～50g。在导泻时可以选择使用5 000mL的20%甘露醇经胃管注入，必要时，还可以使用5 000mL温清水进行连续灌肠。如果伤患是经皮肤吸收中毒，则应立即彻底清洁皮肤，注意不应使用温度过高的水，防止毛孔张开，加重中毒，并且在清洗时注意保温工作。

3）对症治疗。首先确保伤患呼吸道畅通，如果病情严重，可以考虑气管插管或气管切开术，或进行人工呼吸。进行吸氧，建立静脉通道，保护心脑肝肾等重要器官功能；有精神症状或剧烈抽搐时，可视情况，酌情使用镇静药物治疗。

4）针对性急救措施。

a.抗凝血类灭鼠药。尽早进行足量特效药物治疗。肌内注射维生素K_1。成人用量为10～20mg，儿童1～5mg，每天2～3次，出血症状改善好转后逐渐减少用量，后期可以改为口服，连续用药10～14d，在出血现象消失、凝血酶原时间及凝血酶原活度正常后停药。重度中毒伤患肌内注射120mg维生素K_1，4g维生素C_3，100～300mg氢化可的松，每天1次，出血严重者可以及时输送新鲜血液或凝血酶原复活物。

b.含氟类灭鼠药。氟乙酰胺中毒的特效解毒药是乙酰胺，又名解氟灵，成人用量每次2.5～5g肌内注射，每天注射2～4

次，首次剂量为全日剂量的1/2。如果伤患出现痉挛时可以使用25～50mg复方氯丙嗪肌内注射。可以选择吗啡进行止痛，缓解毒物可以选择使用高渗葡萄糖，还可以较大量地使用维生素B_1，但是要注意，当伤患发生心力衰竭时，一定禁用洋地黄制剂。

c.有机磷类灭鼠药。处理步骤大致与有机磷农药中毒相同。

d.磷化锌类灭鼠药。确诊后应立即用1%硫酸铜溶液口服催吐，每5～15min口服15mL，视情况而定，一般3～5次，并用0.1%～0.5%硫酸铜或0.4%高锰酸钾洗胃，后口服药用炭，从胃管中注入100～200mL液态石蜡油及20～40g硫酸钠导泻。

e.其他类灭鼠药。由于目前尚无毒鼠强的特效解毒药，因此治疗方式一般以对症治疗为主，原则以保护心脑肝肾等重要器官为主。通过给予镇静药物控制惊厥，通过反复洗胃，注入药用炭导泻等手段减少毒物的吸收。对血液进行血液灌流和血液透析有明显的疗效。

（6）预后。灭鼠药毒性大，症状重，中毒者病死率高。轻度中毒者经及时治疗可治愈，且无明显后遗症。

5.一氧化碳

一氧化碳（CO）在标准状态下是一种无色、无味、无刺激性的气体，在古代被用于处决犯人，极难溶于水。在生产生活中，含碳元素物质不完全燃烧就会产生一氧化碳，当人吸入浓度较高的一氧化碳后会引起急性脑缺氧性疾病，这就是急性一氧化碳中毒，又称煤气中毒。少数伤患可有迟发的精神症状，部分伤患还会引起其他器官的缺氧性改变。急性一氧化碳中毒的发病与接触一氧化碳的浓度、时间和人体自身素质有关。

（1）中毒机制。CO吸入体内后，其中80%～90%与血液中红细胞的血红蛋白进行可逆性结合，形成相对稳定的碳氧血红蛋白（COHb）。CO与血红蛋白的亲和力比氧与血红蛋白的亲和力大250～300倍。吸入低浓度CO即可迅速产生大量COHb。COHb不易解离，其解离速度比氧合血红蛋白解离速度慢3600倍。因此，血红蛋白的携氧能力降低，导致低氧血症和组织缺氧，尤其对大脑皮质的影响最为严重。另一方面，血液中COHb使血红蛋白氧解离曲线左移，导致血氧不易释放，从而造成组织中细胞缺氧。近年研究证实，CO还能直接引起缺氧，因其可与体内含铁蛋白发生可逆性结合，如CO与还原型细胞色素氧化酶二价铁结合，抑制细胞色素氧化酶活性，影响氧从毛细血管弥散到细胞内的线粒体，损害线粒体的功能，从而影响细胞呼吸和氧化过程，阻碍氧的利用；同时产生大量氧自由基，损害机体。血液中COHb浓度决定组织缺氧程度，而血液中COHb浓度与空气中CO浓度和接触时间相关。

一氧化碳中毒时，对体内代谢旺盛的器官影响最大，中枢神经系统对代谢需求高，对缺氧最为敏感，其次心脏也容易受到损害。大脑血管吻合支少且代谢旺盛，故脑内小血管迅速麻痹、扩张，无氧情况下脑内三磷腺苷（ATP）迅速耗尽，影响钠泵正常运转，致使钠离子蓄积于细胞内，从而诱发脑细胞水肿。缺氧还可致血管内皮细胞发生肿胀而造成脑部循环障碍。缺氧时，酸性代谢产物大量蓄积，增加了血管通透性，致使脑细胞间质水肿。脑循环障碍可致脑皮质和基底核局灶性的缺血性改变、脑血栓形成及广泛的脱髓鞘病变，导致少部分伤患发生迟发性脑病。

（2）临床表现。急性一氧化碳中毒临床表现决定于血液中COHb浓度，与脑缺氧的程度密切相关，也与伤患平时的身体状况有关。

1）轻度中毒血液，COHb浓度为10%～30%，可表现为不同程度的头晕、头痛、恶心、呕吐、心悸和四肢无力等。如及时吸入新鲜空气症状即可迅速消失者，属一般接触反应。

2）中度中毒血液，COHb浓度为30%～40%，上述症状加重，出现心慌、胸闷、气短、呼吸困难、幻觉、视物不清、烦躁、四肢无力、步态不稳、运动失调、判断力下降、嗜睡、意识模糊或浅昏迷，皮肤及口唇黏膜可呈樱桃红色。

3）重度中毒血液，COHb浓度大于40%，可迅速出现昏迷、抽搐、呼吸抑制、肺水肿、心律失常和心力衰竭，部分伤患因误吸发生吸入性肺炎。常见症状为瞳孔对光反射正常或迟钝，四肢肌张力增高，牙关紧闭，或有阵发性去大脑强直，腹壁反射及提睾反射消失，可出现大小便失禁。脑水肿继续加重时，表现持续深度昏迷，连续去大脑强直发作，体温升高39℃以上，脉搏快而弱，血压下降，面色苍白或发绀，四肢发凉，出现陈-施呼吸。受压部位皮肤可出现红肿和水疱。眼底检查见视网膜动脉不规则痉挛，静脉充盈，可见视盘水肿，提示颅内压增高并有脑疝形成的可能。

4）迟发性脑病是指急性一氧化碳中毒伤患在意识障碍恢复后，在2个月内，可出现下列临床表现：

a.精神异常或意识障碍。定向力突然丧失、反应迟钝，出现行为失常、痴呆、木僵、谵妄状态或去皮质状态，与大脑皮质下白质发生脱髓鞘病变有关。

b.锥体外系神经障碍。由于基底核和苍白球损害出现帕金森综合征，表情淡漠、四肢呈铅管状或齿轮样肌张力增强、动作缓慢、静止性震颤、前冲步态，少数伤患有舞蹈症。

c.锥体系统神经损害。表现为一侧或两侧的轻偏瘫，上肢屈曲强直、腱反射亢进、踝阵挛阳性，引出一侧或双侧病理反射，可出现运动性失语或假性延髓性麻痹。部分伤患大脑皮质局灶性功能障碍和脑神经及周围神经损害，如失明、不能站立或癫痫发作，视神经萎缩、听神经损害及周围神经病变等。

（3）辅助检查。

1）常规检查。

·血常规：周围红细胞、白细胞及中性粒细胞总数增高；

·尿液常规：20%伤患可出现尿糖，40%伤患尿蛋白阳性；

·脑脊液化验：多数正常；

·肝、肾功能：血清ALT活性及尿素氮可有一过性升高。

2）血中碳氧血红蛋白测定。血中COHb测定对急性一氧化碳中毒的诊断及严重程度的判断有参考意义。

3）电生理检查。脑电图检查可见弥漫性低波幅慢波增多，与临床上的意识障碍有关。脑诱发电位检查如视觉诱发电位（VEP）、正中神经体感诱发电位（SEP）、脑干听觉诱发电位（BAEP）均有不同程度异常，三种诱发电位同时采用可提高异常的检出率。心电图检查可见部分伤患出现ST-T改变或Q-T延长，也可见室性期前收缩、传导阻滞或一过性窦性心动过速。

4）头部CT检查。双侧大脑皮质下白质及苍白球或内囊出现大致对称的密度减低区，后期可见脑室扩大或脑沟增宽。

（4）诊断与鉴别诊断。根据有现场接触CO的情况和急性CO中毒的有关临床表现，结合血液COHb测定的结果，按照现行国家职业卫生标准《职业性急性一氧化碳中毒诊断标准》GBZ 23，可做出急性一氧化碳中毒诊断。生活性中毒多为同一居室人发病；职业性中毒多为意外事故，集体发生，接触史比较明确。疑有生活性中毒者，应询问发病时的环境情况，如居室有无通风不良或烟囱外漏现象及同居室人有无同样症状等。

轻度急性一氧化碳中毒需与感冒、高血压、食物中毒、梅尼埃综合征等鉴别，一氧化碳中毒昏迷伤患应与脑血管意外、脑膜炎、脑震荡、糖尿病酮症酸中毒及其他中毒引起的昏迷相鉴别。既往史、体格检查、实验室检查有助于鉴别诊断。血液COHb测定是最直接的诊断指标，检测应在脱离中毒现场8h以内尽早进行，脱离现场数小时后COHb即逐渐消失，与临床表现不一致，无助于诊断。对迟发脑病伤患，需与其他精神病、脑血管病、帕金森病等进行鉴别诊断。

（5）急救措施。

1）迅速将伤患转移到通风处，终止CO继续吸入，松开衣领，注意保暖，保持呼吸道通畅，密切观察意识状态。

2）根据病情给予氧气吸入，迅速纠正缺氧状态。

·吸氧：如鼻导管和面罩吸氧。吸入新鲜空气时，CO由COHb释放出半量约需4h；吸入纯氧时可缩短至30～40min；吸入3个大气压的纯氧可缩短至20min。所以，轻度中毒者可给予氧气吸入，中度及重度中毒者应积极给予常压口罩吸氧治疗，有条件时给予高压氧治疗。

·高压氧舱治疗：能增加血液中物理溶解氧，提高总体氧含量，促进氧释放和加速CO排出，可迅速纠正组织缺氧，并减轻脑水肿，缩短昏迷时间和病程，预防CO中毒引发的迟发性脑病。研究发现，早期应用高压氧治疗，可明显降低病死率。

3）呼吸停止时，应迅速气管内插管，进行机械通气，高浓度吸氧。危重伤患可考虑进行血浆置换。

4）防治脑水肿，促进脑细胞代谢。严重中毒伤患，脑水肿可在24～48h发展至高峰。应积极进行抢救，在积极纠正缺氧的同时给予促排治疗：20%甘露醇1～2g/kg静脉快速滴注（10mL/min），颅内压增高现象好转后，可适当减量；也可注射呋塞米（利尿剂）促排；三磷腺苷、糖皮质激素也有助于缓解脑水肿；如有抽搐者可给予镇静药，首选10～20mg地西泮注射液静脉注射，也可给予胞磷胆碱500～1 000mg静脉滴注；应用能量合剂可以改善脑细胞代谢，常用药物有辅酶A、三磷腺苷、大量维生素C和细胞色素C静脉应用。

5）防治并发症。昏迷期间要加强护理工作。保持呼吸道通畅，必要时行气管切开，维持呼吸循环功能、纠正酸中毒、促进脑血液循环等对症治疗及支持治疗；定时翻身以防发生压疮和肺炎；注意营养支持，必要时鼻饲。高热影响脑功能，可采用物理降温方法，如冰帽、冰袋的应用，使体温保持在32℃左右。降温过程中出现寒战或体温下降困难时，可用冬眠药物。急性一氧化碳中毒昏迷患者苏醒后，应做血、尿、咽拭子培养，选择广谱抗生素以控制肺部感染。对迟发脑病者，除高压氧治疗外，可用糖皮质激素、血管扩张药或帕金森综合征药物及其他对症与支持治疗。

（6）预后。轻度中毒可在数日内完全复原，重度中毒可留有神经系统后遗症。

（7）预防。广泛宣传室内用煤火时应有安全设置，定期检查烟囱管道，防止管道漏气。在生产工作中要严格执行操作规程。

十一、个人防护

1.个人防护的目的和意义

当发生灾难时，应急响应人员在处置各种情况前，需要对灾难现场进行大量的调查，可能会接触类似病例或相关生物媒介。在开展这一系列工作时，现场环境可能存在有害物质，伤患和应急响应人员的生命随时会受到威胁，所以要采取安全防护措施来保障伤患和应急响应人员的安全和健康，防止有害物质扩散。

个人防护不能消除现场有害物质，也无法降低有害物质浓度，但可以将污染物对伤患和应急响应人员的伤害降到最低。个人防护用品是救援行动中不可缺少的防护措施，通过正确使用，可以把各种意外事故、职业病的危害降到最低。

2. 个人防护装备及分级

（1）个人防护装备（PPE）。个人防护装备（personal protective equipment）是当面临灾难时减少或隔绝工作人员通过呼吸系统、皮肤和眼睛等器官组织对危险物质的吸收，减小伤害而穿戴的装备。

紧急情况下潜在的威胁无时不在，所以必须进行安全防护，这是非常有必要的。当灾难来临时这些防护装备将会抵消大多数危险，减少伤亡。

呼吸器是防护装备必不可少的用具，但是呼吸器并不适合每一个人，对于身体不健康的人是不建议使用的，所以应急人员在使用呼吸器之前，需要先检查身体状况，特别是检查肺功能是否正常。而处理灾难的专业救援队员和处置危险物品的专家则必须由医师进行健康评估。

日常情况下医院应当持续对灾难响应人员展开最基本的身体

健康检查，检查内容包括是否有病史、用药史、过敏史等，如果工作人员有哮喘病或肺功能问题则不允许使用个人防护装置进行工作。紧急情况下才可临时聘用没有任何经验的人员加入，但在上岗之前要进行一定的培训，如现场讲解或演示怎样穿戴个人防护装置，以及讲清楚救援时的首要任务是什么，途中接触到化学物品等危害物质时该怎样做。任何工作人员在使用个人防护装备前后都需要检查身体状况，如脉搏是否正常、是否有高或低血压、体温和呼吸是否正常，同时对长时间接触有害物质或者身体出现问题的工作人员进行随访。

（2）个人防护装备的级别。个人防护装备分为四个等级（A、B、C、D），防护程度依次递减。

1）A级。A级个人防护装备是最高级别，可以做到全封闭式的保护，相对于另外三个级别的防护装备，能够更好地起到保护作用。设备主要有以下几类：①自给正压式呼吸器；②全封闭式化学防护服；③防化学品外层手套；④防化学品内层手套；⑤防化学品钢头护腿靴；⑥一次性防护服、手套和靴子（可根据服装构造，选择穿在全封闭式化学防护服外面）。

A级防护装备虽然可以做到将气道和皮肤进行最好的保护，但是相对的也会有不足的地方，如不能得到充足的空气供给、工作人员会感觉到体感发热并且笨重，几乎全封闭，导致交流困难。

2）B级。发生灾难后，应急响应人员应先对现场其他相关危险物质进行分析，如果分析出来的结果需要穿戴全封闭的防护装备，应当穿戴A级防护装备，如果可以稍放低对眼睛、皮肤的保护，则可以选择B级防护装备。B级防护相对于A级防护的差别在于是否全封闭。设备主要有以下几类：①自给正压式呼吸器；②防化学品较好的连帽防护服（工作服和长袖外套、连体工作服、一件或者两件防化服、一次性防化服）；③防化学品外层手套；④防化学品内层手套；⑤防化学品钢头护腿靴。

B级防护装备虽然同A级别一样可以对气道进行最高级别的保护，但是对皮肤的保护却相对较低，并且同样有不足的地方，如不能得到充足的空气供给，工作人员会感觉到体感发热，感到笨重，交流困难。

3）C级。当分析出危险物质不严重，不需要对眼睛及皮肤做出过多保护，达到可以用空气净化呼吸器的条件时，可以选择C级别的个人防护装置，但是需要定期监测空气。设备主要有以下几类：①空气净化呼吸器；②防化学品的连帽防护服（工作服、两件套防化服、一次性耐化学品工作服）；③防化学品外层手套；④防化学品内层手套。

C级防护装备可以对气道及皮肤起到相应的保护作用，没有空气供给限值，但工作人员一样会感到发热、笨重、交流困难，在低氧状态下不可使用。

4）D级。所有的正规医院、诊所或者医疗设施中工作时所穿戴的普通工作服或隔离服、口罩、护目镜和手套，设备主要有以下几类：①普通工作服；②防化学品钢头护腿靴/鞋。

D级防护服虽然对皮肤和气道的保护都很有限，但穿戴、交流却是很方便。

3.伤患洗消

发生灾难后，应急响应人员、受灾群众身上或多或少都会有些有害物质，而洗消的目的就是让灾民减少和这些物质的接触，并尽量减少二次污染。伤患洗消一般是由受过专业训练和配有适当装备的人员执行。洗消过程包括从身体外部表面消除有害污染物（如化学药剂和放射性物质），如果是暴露灾难，应尽早洗消，洗消人员需要做到假定所有暴露的个体都被污染，直至彻底排除暴露可能为止；如果灾难定义为神经毒性剂或氰化物性质，则在洗消前必须由穿着个人防护装备的医疗卫生人员进行解毒治疗。

针对所有的爆炸事件、危险物质的释放或暴露、个人暴露在放射性物质的情况下都要进行洗消。可以对伤员进行筛查，排除的人员可以不进行洗消。不允许任何需要洗消却未经洗消的伤员进入医疗机构。

（1）洗消方法。洗消是第一批受害者救治的首要任务，洗消方法主要有干式和湿式两种类型：①干式洗消：去除伤患身上的衣物和灾难现场遗留在身上的碎片，可以消除90%的污染；②湿式洗消：去除伤患或应急响应人员衣物后，用低压温水配合清洁剂冲洗身体及头发上遗留的有害物质。当然，如果条件允许的情况下，针对伤患可以使用肥皂水来进行洗消。洗消设备需用漂白剂。

在大规模人员伤亡事件中，一般情况下伤患在洗消之前不允许进行任何的急救治疗，因为伤患与外界的任何接触都可能会让污染物进入体内，造成更严重的后果。但如果伤患的情况危急到了生命，则可以采取必要的拯救生命措施。在现场的资源和洗消场所都充足的条件下，这一类情况比较严重的伤患可以进行优先洗消。洗消的时候也需要控制好时间，不宜过长，也不要太短。任何一个医疗机构都应该设定一套自己的洗消流程。

正常情况下，大规模人员伤亡事件的洗消主要先对伤患进行湿化，然后去除衣物，再开始冲洗，最后穿戴上干净衣物。

第一，直接将伤患身上穿着的衣服弄湿就可以除去衣服上的有害物质，这样污染物就无法进入空气。

第二，脱掉所有的衣物，将其安全保存，作为证据，以后进行洗消或直接销毁。

第三，用温水配合肥皂冲洗身体几分钟。最后擦干身体，穿上干净的衣物，听从安排，到达指定地点进行检查。发生化学灾难后基本上的洗消方法都是一样的。

所有洗消工作人员都应该考虑到伤患的身体情况，当时的气温是否适合伤患洗消，为伤患准备的衣服与毛毯是否合适。

一旦洗消完毕就可以开始检查身体状况，判断是否需要进一步的治疗。判断出不需要治疗的伤患可以转至独立区域，持续观察身体状况。需要接受治疗的伤患，先进行检伤分类，然后转运到恰当的治疗区域。

（2）特殊洗消。在洗消过程中经常会遇到一些特殊情况，需要特别注意。如洗消时遇到残疾人、行动不便者或者儿童，都需要特殊对待。

1）不方便活动伤患。针对这类伤患的洗消是比较麻烦的。由于他们的活动受到了限制，所以和普通伤患的洗消程序是不一样的，需要更多的人力。可以选择为这类伤患设置专用通道，用机器设备对伤患进行洗消。但是在条件不允许设置专用通道的情况下，可以用辅助工具，如担架或轮椅接受洗消，虽然借助了辅助工具，但是需要确保这些工具不会将污染物带入清洁区。一般情况下辅助设备是不允许带入洗消中的，需视情况而定。

2）功能障碍人员。有部分伤患可能因为特殊原因而导致难以进行洗消。如果是语言沟通上的困难，就应该在洗消区域设置明显的标志，让伤患明白该做什么。

对于视力有问题的伤患则应安排专人指导完成洗消。一般情况下轮椅、拐杖、助行架是不允许携带完成洗消的，这些设备应安全保存在一个地方，或者装在一个袋子里，并且写上名字，与财物共同放置。在灾难得到控制后，经过合适的洗消过程再返还给个人。而需要借助这些辅助设备才能完成洗消的伤患则应由专业人员辅助完成。

十二、常见外伤处理

灾难造成的常见外伤主要包括弹道伤，肺爆震伤，冲击伤，挤压伤，烧伤，穿刺（刺穿）伤，核伤害与放射事故损伤，化学、生物性伤害。

1.弹道伤

（1）钝弹道伤。钝弹道伤大多数是由各种弹药击中防护背心引起的。目前在反骚乱中广泛被军警部门采用的橡皮子弹也可造成严重的钝弹道伤。通常情况下，防弹背心可以阻止低速弹药的穿透，阻止大部分型号的手枪弹，但是弹头的动能会通过防护背心传输，而造成心、肝、脾、肺和脊髓的损伤，特别是腹部受钝力冲击时会给腹腔内组织形成严重伤害。

（2）穿透弹道伤。战争和恐怖袭击事件不可避免地造成大量枪伤，这是由当弹药发射耗散能量穿过身体组织时产生的一种穿透弹道伤。在日常生活中，人体因尖锐物穿刺也会形成穿透伤。穿透伤的伤害程度与穿刺动作的动能有关，因为能量释放过程会导致人体组织拉伸和形成空腔。

在战争中使用的高速和低速弹药击中人体后造成的破坏往往非常严重，弹丸和组织的相互作用最终确定了有害能量的实际产出量和由此产生的临床损伤。

穿透弹道伤与创伤性截肢不同，除非其他止血手段不起作用时必须要使用止血带，否则就应该避免使用止血带。在医院治疗时，首先要评估伤口的类型和位置，组织破坏的数量和伤患血流的状态。可以从伤口的入口和出口来评估弹药的路径。发现任何腹部穿透或胸部伤口血液流动不稳定的伤患，都需要立即进行紧急手术治疗。

穿透弹道伤很容易受到污染，一般要进行适当的清创，但是不要急着闭合较深的伤口，因为弹丸会形成空腔，所以即使弹丸进入的伤口会看上去很小，但是内部伤腔情况复杂。所有胸部或腹部的穿透伤都应该得到充分的检查，并且给予破伤风和广谱抗生素预防性治疗。

2.肺爆震伤

肺爆震伤一般是由于外力而形成的对人体呼吸系统的损伤。爆炸会产生很大的压力差，从而会撕裂肺泡壁及破坏肺泡壁内的毛细血管，由于受到伤害不同，会有多种不同的临床表现。例如血气胸、外伤性肺气肿或肺动静脉瘘。气管与胸膜腔之间产生的气压过大就会导致气胸，会对肺造成严重伤害，甚至会引起呼吸功能衰竭，从而导致死亡。

在很多意外事故中，肺爆震伤出现的比较频繁，伤者呼吸加快、胸壁鼓起、呼吸浅、无法清楚听见呼吸音，言语很困难，甚至无法说一句完整的话。患有肺动静脉瘘的伤患随着时间的延迟有可能会发展为动脉气体栓塞症。

肺爆震伤造成的动脉气体栓塞症是导致伤患死亡的直接原因

之一。动脉气体栓塞症大多情况下无法自行恢复，如果心肺复苏无效就需要马上进行气管插管和正压通气。血管阻塞随时都会发生变化，气体进入肺部静脉系统可能会导致低静脉压、张力性气胸，最严重的是在冠状动脉和脑循环中，只需要2mL的空气注入脑循环就可以致命。

血栓闭塞位置相应的体征和症状主要有空气进入视网膜血管引发的失明、局灶性神经功能缺损、胸部疼痛。空气栓塞使皮肤产生红、蓝和褐色的变化。

治疗时应先将伤患取左侧卧位或者仰卧姿势，补充纯氧，促进血氧结合，进一步促进人体吸收动脉内的气泡，也有利于让伤患在自主呼吸后保持气道内的压力小于血管内的压力，可以降低动脉气体栓塞程度。气管插管和通气的伤患，气道内的压力应当尽可能降低，保持足够的血氧结合和通气，但通气不可过度。如果一侧肺受伤，那么可以对健康肺进行选择性插管来隔离受伤的肺。操作为放置气管内导管（ETT）推入健康肺侧主支气管，直到伤侧肺呼吸音消失。左主气管插管时先将伤患头向右转动90°（右侧反之），旋转ETT180°，并向远端推进。如伤患有颈椎伤，则在推进之前，逆时针旋转ETT90°。

如果肺隔离和复苏没有成功，则需要立即进行开胸手术。动脉气体栓塞最终治疗手段还是高压氧治疗。

对肺爆震伤的治疗，主要是针对气压性创伤带来的影响。患有严重呼吸窘迫的伤患几乎没有什么生存率，所以需要准确找到气道的位置。对于只有轻度至中度呼吸窘迫的伤患，则只需要持续提供氧气即可。在发生爆炸之后最好能够得到充足的休息，尽量少活动。发现伤患呼吸胸廓起伏不对称时应该进行胸腔穿刺减压处理。对于肺冲击伤的伤患应当进行气管插管术。

如果必须进行机械通气，那么气道压力就应保持在25.7mmHg以下，在肺爆炸伤发生后进行正压通气后发现个人病情恶化，基本就可以判定为动脉气体栓塞症。

3.冲击伤

（1）胃肠道冲击伤。腹部器官受伤和肺部相差不大，都是受到挤压而造成，通常会被肺爆震伤的致命性所忽略，但是胃肠道损伤比肺损伤更常见。胃肠道冲击伤主要由于封闭的空间里产生爆炸后气压急剧变化，胃肠道冲击伤主要是对结肠和小肠造成影响。结肠破裂大多是在肠壁拉伸和缺血后才引起的。爆炸有时候会撕裂肠系膜，但是固定脏器受到的伤害一般是由钝器造成的或者是穿透性的。这一系列症状主要表现在腹痛、恶心、呕吐、腹泻、直肠出血。

（2）听觉冲击伤。爆炸同样会对听觉产生一定的影响，只是相对来说，一般不会造成致命性危险。如果声波的压力过大就会导致鼓膜破裂，爆炸造成内耳受损就会导致神经性听力损失，听力受损很可能会使伤者无法接收指示，而造成更严重的伤害。听觉损伤的常见症状有眩晕、耳鸣和耳痛。如果存在鼓膜破裂，则这些伤患必须进行观察，以排除潜在的肺或胃肠道损伤。听觉受损伤患早期的治疗千万不可冲洗耳道，如果耳道内的鼓膜穿孔比较小，一般情况下可以自行恢复，如果耳道内有更大的穿孔，则建议到耳鼻喉专科做进一步治疗。

（3）眼冲击伤。在爆炸当中，眼睛是最易损的器官。当发生眼冲击伤时，可能会感觉到眼痛、视觉模糊、眼睑肿胀或有挫伤，包括眼睑裂伤、视网膜炎、眼眶骨折，甚至眼球破裂和穿孔。爆炸事件后这些伤患不要耽误时间，尽快到眼科治疗。

4.挤压伤

挤压伤绝大多数是由于重物压迫造成的，如果大量的骨骼肌在挤压时间超过20min后还未得到改善，血液循环就会出现问题，导致组织缺血坏死和其他严重病症。

组织缺血后循环又恢复会造成挤压综合征和全身性并发症。需要注意当被废墟压着的伤员解救出来时，由于损坏组织的血流量可能会被还原，毒素将被释放出来，所以可能会出现各种致命的代谢紊乱综合征。

挤压综合征包括：肌肉质量被破坏、危害局部血液循环、延长压缩。大范围的肌肉损伤会造成严重的高钾血症，从而可能导致心律失常和心脏骤停。磷酸酯裂解的肌肉细胞大量释放会引发低钙血症。当出现低血容量状态时，高钾血症和低钙血症的负性肌力作用在一起，会导致深度休克。

高钾血症是导致挤压综合征最直接的死亡原因，如果发现有高钾心脏毒性现象，需要马上治疗高钾血症，可以通过静脉注射葡萄糖让细胞外钾离子进入细胞内。

在处理挤压伤时一定要记住识别和处理代谢紊乱、急性肾功能衰竭。挤压伤综合征早期施救存在争议，有的专家建议进行静脉盐水输液，延迟施救，同时监测血压、中心静脉压和尿量，直到伤患机能开始复苏为止。静脉滴注首选生理盐水，含钾类药品不可使用，会造成高钾血症的恶化。输液时应该保持1.5L/h，直至伤员能够产生尿量200～300mL/h。这种输液速度可以稀释身体产生的各种有毒成分。但是在伤员身体大范围挤压损伤的时候，一定要审慎管理液体的限量，如果没有得到密切的医疗监控，可能会引起并发症。酸中毒也可以通过注射碳酸氢钠碱化尿液来治疗，主要是防止肌红蛋白沉积和降低高钾血症的风险，但是这种做法也存在争议，因为注射碳酸氢钠有可能会加重低钙血症。

急性肾功能衰竭和弥散性血管内凝血是挤压伤的晚期并发症，这两种症状的发病率和死亡率极高。当出现挤压伤后，如果没有得到及时的治疗，就会造成肾功能衰竭。很多因素都会引起急性肾功能衰竭，例如代谢性酸中毒、肾血管收缩、肾毒素释放等。肌肉损伤时，组织凝血活酶释放可能会导致凝血功能障碍，甚至出现更加复杂的临床情况。

（1）创伤性窒息。当胸部突然受到重物挤压时会导致呼吸和心脏的静脉回流不畅，胸腔和上腔静脉压力急剧增加和静脉瓣受损导致头部和颈部的大静脉血液逆行流动，造成创伤性窒息。儿童由于胸壁相对成人更加柔软因而更容易形成创伤性窒息。

地震和建筑物倒塌会产生大量创伤性窒息伤患，这些伤患会感到呼吸困难、面部水肿或发绀，头部、颈部和胸部会出现明显的淤血，如果大脑缺氧还会导致抽搐和昏迷，但大多不会有生命危险。需要注意的是创伤性窒息引起的潜在致命合并伤，如神经受损会造成肺压缩，从而导致窒息性死亡。创伤性窒息发病和致死的最主要原因是伤患没有得到妥善治疗，长时间呼吸窘迫导致死亡，所以控制气道及辅助呼吸尤为重要。

（2）骨筋膜室综合征。骨筋膜室综合征是挤压伤并发症的一种。组织水肿会造成筋膜室内压力的增加及血流量的减少，同时还可以造成筋膜室内肌肉和神经的附加伤。这些伤害短时间内可能不会显现出来，甚至在最初的时候受到挤压的地方也毫无显示。骨筋膜室综合征在早期时会感觉到疼痛，尤其是肢体扭曲，伤口边缘处会产生水泡和红斑。如果骨筋膜室综合征没有得到及时的治疗，可能会出现低血压甚至是休克。当出现肿胀时，伤患可能会出现麻木症状，有可能摸不到远端脉搏。在进行筋膜切开术之前必须要先进行5P评估。

5.烧伤

造成烧伤的原因多种多样，如爆炸产生的光、热辐射烧伤、火灾造成的热传导烧伤等。爆炸会产生巨大热量，从而导致包括热和光辐射等综合烧伤。在不产生次生火灾的情况下，爆炸烧伤一般由光、热辐射产生，只会伤害到人体表面暴露部位，如脸部、手部等。但是，如果在爆炸引发次生火灾的情况下，烧伤就会造成严重伤害。

各种原因造成的烧伤基本相同，处理方式也基本一样，应尽快进行液体复苏。30kg以下的儿童应采取多方面的管理措施。但是，爆炸烧伤时常会伴随肺爆震伤，所以对液体必须进行限值，注意不要过分地使用液体复苏。伤口的处理用干净的敷料敷着，避免造成污染。如果有明显的严重污染，应提供破伤风预防，并且预防性应用抗生素。

6.穿刺（刺穿）伤

很多时候尖锐物体会对个体造成一定损伤，根据是否贯通人体分为穿透刺伤及刺穿伤。穿透刺伤或刺穿伤的临床表现主要取决于伤口大小、形状、刺透的深度以及锐物伤害身体的力量。如果是胸部穿透伤，则需要仔细观察是否有张力性气胸、开放性气胸、大量血胸和心脏压塞的症状。如果是腹部伤口，就需要仔细观察血流动力是否稳定，是否有腹膜刺激症状。在现场不宜将穿刺物移除，但是需要用厚的敷料进行固定，不让其活动，造成大出血。软组织穿透、缺损创面首先应该进行小范围护理，而不是控制出血和覆盖伤口。但是，也需要采用破伤风和广谱抗生素预防性治疗。

7.核伤害与放射事故损伤

核装置在人口密集的地区爆炸会造成一系列的严重后果，造成一系列的损伤，包括创伤、热损伤和辐射损伤。

（1）创伤。当核爆炸发生时，会引起压力变化，造成的影响远远不是单独的普通爆炸所能比的。爆炸造成的冲击波会随着压力的变化而变化，相对来说，距离越远受到的影响也会越小。冲击波会对人的耳膜和其他结构造成损伤，也会导致含有大量放射性的物质和碎片产生剧烈运动，从而带来危害。在人口密集的城市地区，遭受冲击波破坏的建筑物和碎片可引起大规模人员伤亡。

（2）热损伤。核爆炸会产生巨大的热量，在这些热量和电磁辐射结合作用下就会引起一系列严重的热烧伤。爆炸之后热烧伤马上就会发生，热烧伤一般分为两种，分别是火焰烧伤和皮肤的辐射伤，在遭受辐射伤后一般不会立即显现。核火球比常规爆炸产生的热量大得多，这会引起热烧伤人数的急剧增加。大量的烧伤人员都是由辐射热的大量释放，加上爆炸地区的许多火灾造成的。核灾难发生后，在预后方面，最难解决的是爆炸引起的数量庞大的烧伤患者。发生灾难后需要第一时间将大规模的伤员迅速转移至符合要求的医院，并且迅速减轻他们的剧痛，这样可以增加伤患的生存率。其实在灾难中大多数死亡都是由于感染造成的。在救治感染类伤患时需要使用抗生素。感染的危害是很大的，如果没有及时控制传播，那么将会造成更大伤亡，所以消除感染源至关重要。

在城市发生大型核爆炸后，有可能造成大量的人员烧伤，这些伤员将引起医疗系统超负荷运转甚至瘫痪。爆炸中会出现可见光，而这些强光可以直接引起人体的外部烧伤。眼睛和这些光的接触将会造成短暂或永久性失明。

（3）辐射损伤。核爆炸后会产生各种辐射线，一般包括 α、β、γ 射线，α、β 粒子穿透力较弱。α 射线能量最大但是穿透力最低，可被普通纸张阻隔，α 射线进入身体时可以引起身体内部的损伤；β 射线穿透力稍强，衣物即可阻隔，如果 β 射线的能量够高也会造成外部伤害；爆炸会产生裂变产物，这些裂变产物会释放出 γ 射线，同时爆炸中也会释放中子，而这些中子在剂量相似的情况下比 γ 射线更加危险，因为中子可以导致其他物质具有放射性。γ 射线和中子辐射的穿透力很强，就算有墙壁阻挡也会对人员造成辐射伤。延迟的放射损伤发生在非常广泛的空间，主要原因是飞散的裂变产物，它们飘落地面，被称为“原子尘”或“放射性尘埃”，地面上发生爆炸和空中爆炸是不一样的，地面上爆炸带来的影响更大。

爆炸最初，原子尘主要被风所驱散，散落到不同方向。在爆炸24h后，来自外部的放射源和较大的粉尘粒子释放的活化产物最为危险。随着时间的变长，原子尘在空气中自然也会停留得更久，这些原子尘颗粒较小，放射性较低。

如果人员身体内部的损伤是由放射性物质引起的，将会对人体健康产生很大的影响，例如吸入放射性物质污染的空气，饮用放射性物质污染的水，吃了放射性物质污染的食物，或者放射性物质从皮肤、伤口进入体内就会造成内照射。救援人员也可能会吸入放射性物质，所以在救援时需要做好充足的准备。

8.化学、生物性伤害

化学、生物性伤害会造成重大的人员伤亡和环境影响，一般来说，常见的化学毒剂包括糜烂性毒剂、窒息性毒剂、氰化物毒剂、神经性毒剂；常见的生物性伤害包括炭疽、肉毒杆菌、肺鼠疫、SARS、兔热病、病毒性出血热等微生物感染。

（1）常见化学毒剂。

1）糜烂性毒剂。路易氏剂、芥子气毒剂和光气肟是常见的毒剂，这些毒剂持久性非常强，一旦雾化，就会从空气中快速沉淀。所以皮肤也成为主要的吸收途径，而肺部和胃肠道则成为第二个吸收途径，毒剂主要是在细胞层面起作用，会导致皮肤发红和水疱、呼吸急促。很多恐怖分子都会选择用糜烂性毒剂作为武器。

2）窒息性毒剂。窒息性毒剂一般是吸入性，主要作用在肺部的中央或者周边气管，对肺部组织造成影响，又叫肺毒剂。包括氨、异氰酸甲酯、甲基溴、氯化氢酸和氯气等有毒化学物质，其中光气、氯气、双光气等肺毒剂可被用于化学战争。部分肺部毒剂可能无法引起上呼吸道灼烧或者水肿，但是可以引起肺水肿、缺氧和低血压。

肺部毒剂可以分为高、中、低三种溶解度。高度水溶解度肺毒剂，比如氨气，会产生强烈的刺激性气味；氯气是最常见的中等水溶性肺毒剂，在室温下是黄绿色，对肺有刺激，可以引起气道上皮层的灼烧和刺激，导致肺部肿胀和液体沉积，容易对上、下呼吸道造成损伤，氯气是最早作为化学武器出现在战争中的，所以很多时候对于一些会接触到氯气的职业来说，也是比较危险的；光气和二氧化氮是最常见的低溶度肺部毒剂，时常会作为化学武器毒剂使用。

最危险的肺毒剂是光气，室温下，光气是没有颜色的、无法燃烧、会散发出新鲜干草味的气体。如果释放到空气中，就会化为一种白色云雾状；靠人的嗅觉一般很难察觉出光气，因为光气的毒性浓度很低。当光气密度高于空气时，经常会聚集在较低的区域。而且就算有的时候嗅觉能够察觉到光气，但是嗅觉很容易出现疲劳，所以通过嗅觉察觉光气也基本是不行的。只有当光气浓度较高时会出现刺鼻、辛辣的气味。

3）氰化物毒剂。含碳和氮的化合物燃烧可以产生氰化物，特别是羊毛、丝绸和塑料。发生火灾时，最容易氰化物中毒的是那些封闭在有限空间里面的人，如果空间内有大量合成材料和塑料燃烧物，造成的危害会更大。氰化氢的颜色和状态是随着温度的变化而变化的，温度低时氰化氢没有颜色或呈淡蓝色液体；温度高时是无色气体，容易挥发，氰化物蒸气是易燃易爆物。

氰化物类似一氧化碳，它们可以造成化学性窒息，主要是通过血液运输并且干扰机体细胞水平的携氧功能。皮肤可以吸收氰化物，但是吸收后会出现一系列症状。

4）神经性毒剂。神经性毒剂是一类可以干扰乙酰胆碱酯酶分解乙酰胆碱的化学毒剂。这类毒剂特别对脑、膈肌和血液中乙酰胆碱酯酶活性有强烈的抑制作用，致使乙酰胆碱在体内过量蓄积，从而引起中枢和外周胆神经系统功能严重紊乱。这种毒剂的毒性很强，可以通过皮肤、黏膜、胃肠道等途径吸收而引起中毒，而且这种毒剂也很容易制作，所以在战争中很常见。

神经性毒剂是所有化学武器中最危险的，有机磷农药、氨基甲酸酯农药都可以产生出类似神经性毒剂的伤害。当人体接触到这种毒剂中毒后会出现瞳孔缩小、流涎、恶心、呕吐、大小便失禁等症状，严重的甚至会直接导致死亡。中毒后第一时间可以使用阿托品来解毒，紧急时可以对肌肉注射解磷针剂。

（2）常见生物病原体。

1）炭疽。炭疽是由炭疽杆菌引起的细菌性疾病，细菌分裂出孢子，孢子其实就是细胞，不过这些细胞一般处于休眠状态，但如果条件允许，它也会激活。炭疽病主要取决于感染部位：皮肤、肺和胃肠道。人受到炭疽病感染一般是在无意识中，例如不注意吸入了受到污染羊毛上的炭疽孢子，或者不小心吃了受到感染而又没煮熟的肉。同时炭疽也可以作为生物武器。

a.炭疽的临床特点。皮肤炭疽的潜伏期一般是1～7d，最短约12h左右，长的可达2周。主要表现为初期有痒痛感的小丘疹或水疱，随后逐渐形成为溃疡，而溃疡通常情况下是位于身体的暴露部位，溃疡周边可能会有无痛性水肿，也可能会出现水疱。

吸入性炭疽病（肺炭疽）的潜伏期比皮肤炭疽长得多，正常情况下是在2～43d，也有可能更长，主要表现是初期患者出现疲乏、咳嗽、呼吸急促、头痛等症状，也可能出现流鼻涕、咽喉痛的症状，如果不及时治疗，患者可能会突然出现高热，甚至休克。

胃肠道炭疽病（肠炭疽）的潜伏期大概是在1～7d，其主要表现是恶心、厌食、发热、吐血并有严重的水样便。这种炭疽病基本都是由于摄入了未煮熟而又被感染过的肉造成的。

b.炭疽的诊断。根据以上的内容可以看出，如果接触类似毒素而产生严重的呼吸道疾病、脑膜炎、肺炎，首先应该评估为炭疽。对于皮肤病变，结痂下的液体也需要培养。鼻拭子无法排除感染，所以鼻拭子试验不能用来排除炭疽，不应用作临床检验。

c.炭疽的治疗。炭疽最好的治疗是在中毒早期使用抗生素，一旦高度怀疑为炭疽病患者，不必等待实验室确诊，立即开始进行合理的抗菌药物治疗。

对于肺炭疽和肠炭疽病以及出现皮肤炭疽的严重疾病患者，包括怀孕的妇女需每隔12h静脉注射一次400mg环丙沙星，或者每12h注射一次100mg强力霉素，再配合1～2种抗生素使用。当然，如果临床允许，改用每日口服两次500mg环丙沙星，或者每日口服两次100mg强力霉素进行治疗，连续治疗60d即可。

d.炭疽的预防。每日口服两次500mg环丙沙星，或者每日口服两次100mg强力霉素环，持续60d。暴露后可以接受疫苗接种。

e.感染控制。首先应该做标准的防护，虽然有部分人认为皮肤炭疽是带有传染性的，其实炭疽病不会通过人与人之间的接触传播，所以此类患者不需要进行隔离。另外，当发现炭疽时应立刻报告医院的流行病学专家，以及各个卫生部门和国家相关部门。

2）肉毒杆菌。肉毒杆菌是一种生存能力极强的细菌，它分泌的肉毒素会引起食物中毒，对人体造成伤害，甚至会死亡。这种毒素是目前已知的最毒的物质之一，在生物战中，这种毒素可以用于污染食物和水。

a.临床特点。肉毒杆菌的潜伏期一般是在12～72h，可能会更长，主要取决于毒素的吸收量。中毒早期会感到恶心、呕吐、腹泻等，然后出现头痛、头晕、软弱无力。最主要的是出现视力紊乱，难以看清事物；语言困难，随着时间的延长可能会出现对称性骨骼肌麻痹，甚至是呼吸系统麻痹而导致死亡。

b.诊断。对患者的诊断还是要基于临床表现。发病期患者的血清及大便可以检测到肉毒杆菌毒素，患者大便中能分离出A、B或E型肉毒杆菌。

c.治疗。可以实施重症监护、密切监测呼吸功能，对呼吸衰竭的伤患给予呼吸机支持。减少毒素的吸收、进行抗生素治疗、促进神经肌肉功能恢复，一般彻底恢复需要数周至数月。

d.预防。严格管理与检查食品，特别是罐头食品、火腿类的制作和保质，如果在食品罐头的两端发现有膨隆的现象，或发现食品有异味，应禁止出售和食用，即便是煮熟也不可食用。对于那些发酵和腐败的食品也要禁止食用，若发现有肉毒杆菌中毒者，需要立即给予抗毒血清治疗。

e.感染控制。一旦发生中毒事件，需要马上进行标准预防。立即上报相关部门及流行病学专家，肉毒杆菌的传播非常快，容易污染食物源，若不加以控制，后果将非常严重。

3）肺鼠疫。鼠疫是鼠疫杆菌借鼠蚤传播为主的烈性传染病，这种病很容易生长及传播，死亡率高。在一些战争中可以看见被用作生化武器使用。表现在人体主要是腹股沟腺炎，这种病毒很容易在人与人之间传播。

a.临床特点。生物武器攻击造成的肺鼠疫和自然发生的瘟疫是不同的。一般腺型是最常见的，主要是发生在初期，而其潜伏期一般为2～8d。主要表现是头痛、乏力、急起寒战、皮肤瘀斑、出血等一系列症状，时间久也可能出现肺炎和败血症。

b.诊断。早期的诊断对肺鼠疫的防治非常重要。根据临床表现及流行病学的资料可以做出诊断。血清学检查是确诊鼠疫杆菌感染的最重要依据。

c.治疗。链霉素是治疗各型鼠疫的特效药，首次肌内注射1g链霉素后，每12h肌内注射0.5～1g链霉素；也可每日肌内注射庆大霉素5mg/kg；如果在条件不允许的情况下，可选择每12h静脉注射强力霉素100mg或者环丙沙星400mg。

针对孕妇，首选庆大霉素，其次是强力霉素、环丙沙星，按上述剂量使用，不可使用链霉素。

d.预防。首先要做到严格控制传染源，当发现感染者，需要立即上报疫情，并且将其隔离，切断传播途径，消灭感染者身上的跳蚤，对易感者进行评估。

e.感染控制。肺鼠疫患者具有极强的传染性，必须第一时间进行隔离，立即上报卫生部门及流行病学专家。肺鼠疫的出现是不寻常的，需要马上调查疫情暴发的原因，确认哪些人员有感染危险。

4）重症急性呼吸综合征（SARS）。重症急性呼吸综合征是由一种名为SARS冠状病毒引起的呼吸道传染病。这种病主要通过近距离飞沫传播。由于这种病传播速度快，带来的危害大，所以通过积极地控制，目前已经基本消失。但是还是有很多专家认为，可能还会出现类似的疾病。

a.临床特点。SARS的潜伏期一般为1～16d，常见的是3～5d，主要表现是发热，有时会出现畏寒；体温也时常高达38℃以上，时间久了会出现头痛、肌肉酸痛、全身乏力；有的伤患可能有腹泻；在疾病的3～7d后，伤患出现咳嗽。

b.诊断。SARS的诊断主要是根据临床表现和流行病学标准。临床上要注意的是上呼吸道感染、流行性感冒、肺结核、流行性出血热、肺血管炎等一系列呼吸系统伤患，这类伤患的体温基本都是在38℃左右，严重的可能会出现呼吸窘迫综合征。

c.治疗。简单的治疗就是卧床休息，避免剧烈咳嗽。针对SARS，目前还没有确切的治疗法。对此病毒有效的抗病毒药物治疗目前还没有得到肯定，不过治疗的时候可以选择试用抗病毒药物。

d.预防。首先应控制感染源，然后切断传播途径，保护好易感人群，由当地的卫生部门来管理那些高风险但没有患病的个体。

e.感染控制。必须进行标准预防措施，穿戴好隔离衣、手套，进行飞沫隔离措施，保护好眼睛。

5）兔热病。兔热病又称为土拉菌病，是一种细菌感染，一般是通过吸血昆虫传播，有的可能接触被感染的兔子而传播。这种细菌目前已经有国家用于生物武器使用。

a.临床特点。潜伏期一般在1～10d，平均在3～5d，主要表现为发热、淋巴结肿大、皮肤溃疡等症状。

b.诊断。诊断主要通过临床表现来判断，如皮肤溃疡、淋巴结肿大等症状。如果怀疑是兔热病，需要立即告知实验人员，需要特殊的安全防护措施和诊断程序。

c.治疗。链霉素是治疗此病的首选药，可以与四环素配合使用，效果更好。治疗方法如下：

· 每12h肌肉内注射1g的链霉素；

· 在没有链霉素的情况下可以选择用强力霉素代替，每12h静脉注射强力霉素100mg。

d.预防。个人防护可以通过接种减毒活菌苗，接种一次，免疫可以持续5年以上。加强对狩猎活动的防疫监督，对那些受到污染的物体采取卫生防疫措施，兔肉必须充分煮熟才可以食用。

每日口服两次强力霉素100mg，持续14d即可。

e.感染控制。兔热病在人与人之间不会传播，所以不需要进行飞沫和接触预防措施，做到标准的预防措施即可。但是一旦怀疑是兔热病，就需要立即通知流行病学家和当地卫生部门。

6）病毒性出血热。出血热病毒主要包括丝状病毒和沙粒病毒，主要是通过虫媒病毒引起的自然疫源性疾病。天花、刚果出血热、埃博拉出血热等都是病毒性出血热的相关病症。这种病毒可被用作武器，病死率很高。

a.临床特点。出血热病毒的潜伏期一般在2～3周。临床一般分为五期：发热期、低血压休克期、少尿期、多尿期、恢复期。发热期主要表现有起病急、发热、体温在38℃以上、恶心、呕吐、腹泻等一系列症状；低血压休克期一般在发热期后4～6d才出现，正常情况下体温已经下降。主要表现为低血压，严重者会休克；正常情况下，少尿期和低血压休克期没有什么区别；多尿期一般是在发病后10d左右，此时肾脏组织已经开始在逐渐恢复，但是还没有完全恢复，所以尿会增多；肾功能在逐渐恢复，尿量也在减少的时候，也就进入了恢复期。要得到完全恢复，需要数月。

b.诊断。一般根据临床表现来判断，或者结合流行病学资料进行综合性诊断。确诊需要抗原或抗体的检测，测试在疾病预防控制中心完成。

c.治疗。这种病毒目前没有特效治疗方法，在早期一般是用皮脂类固醇治疗。需要积极地预防治疗休克、肾功能衰竭、肺水肿。抗病毒的治疗，早期可以用利巴韦林，静脉滴注3～5d，但是在注射之前需要做脱敏试验。

d.预防。出血热病毒可以进行综合性预防，也可接种疫苗。

e.隔离。除正常的接触预防措施外，人员还需要穿戴防护服，做到全方位预防，包括面部和眼睛。出血热病毒接触到血液和液体时的传染性非常强，在条件允许时，伤患应安置在负压室，然后尽快联系专家寻求进一步建议。

十三、包扎

包扎的目的是保护伤口，减少污染，固定骨折、关节及敷料，减轻伤患疼痛。

包扎前必须以无菌敷料覆盖伤口或创面，包扎关节固定时，应使其处于功能位，即臂弯腿直，绷带要正确持握，用无菌敷料或干净的毛巾等折叠成比伤口稍大的敷垫，盖住伤口，然后用绷带、折叠成条状的布带或者三角巾进行包扎，松紧度以能起到止血效果为宜。

1.适应证与禁忌证

（1）适应证。①头面部、躯干及四肢开放性损伤；②需特殊包扎的头颅外伤伴脑组织外露、胸腹部开放性损伤伴脏器外露及骨断端外露。

（2）禁忌证。①特殊原因需开放、暴露的伤口（如烧伤）；

②局部骨折并伴有神经损伤的伤口不能进行加压包扎。

2.操作准备

（1）器材准备。三角巾、绷带、纱布、无菌敷料等。急救现场没有制式材料时，可用身边的衣服、手绢、毛巾等就便材料进行包扎。

（2）人员准备。①告知伤患即将采取的包扎方法，消除伤患紧张、恐慌心理；②观察并检查伤口，根据伤口具体情况，准备适当包扎器材；③采取舒适体位，去除内外衣，尽量暴露需包扎部位，戴无菌手套。

3.操作方法

常用包扎分为三角巾包扎法、绷带包扎法，进行包扎前必须在伤口覆盖敷料。

（1）三角巾包扎法。三角巾由一条底边、两条斜边，一个顶角、两个底角，一条顶角系带、两条底角系带组成。

1）头部包扎。

a.帽式包扎：先在伤口覆盖敷料（无菌纱布），将三角巾底边置于前额，顶角在后，将底边折叠出一个窄条，从前额绕到头后，压住顶角并打结。若底边较长，可在枕后交叉，再绕至前额打结。最后把顶角拉紧并向上翻转固定。

b.风帽式包扎：在包扎头部面部时，将顶角结放于前额，底边结放在后脑勺下方，包住头部，两角往面部拉紧，向外反折包绕下颌，然后拉到枕后打结即成。

c.单眼包扎：将三角巾折成三指宽带状，上1/3为上端向健侧方向盖住伤眼，余下部分为下端从耳下端经脑后至健侧耳上压住上端，将上端向下反折，共同绕至对侧耳上打结固定。

d.双眼包扎：将三角巾折成三指宽带状，从枕后部拉向双眼在鼻梁上交叉，绕向枕下部打结固定。

e.面具式包扎：适用于面部损伤或烧伤。在受伤部位覆盖敷料（无菌纱布），将顶角和三角巾的底边中点打结，将顶角打结处套在下颌部（下巴），罩住面部及头部，将三角巾底边打结处拉到枕后，将底边两端交叉拉紧后到额部打结，用安全剪刀剪开眼、鼻部位。

f.十字包扎：适用于下颌、耳部、前额、颞部小范围伤口。将三角巾折叠成三指宽带状，放于下颌处，两手持两端分别经耳部向上提，长的一端绕头顶与短的一端在颞部交叉成十字，然后两端水平环绕头部经额、颞、耳上、枕部，在另一端打结固定。

2）颈部包扎。协助伤患将健侧手臂上举抱头，然后根据伤口的大小，把三角巾折叠成相应宽度的带状三角巾压住伤口，向后环绕颈部一周，再将两端一起拉至健侧腋下打结固定。注意不可直接环绕颈部进行包扎，可能会压迫气管或颈动脉引起呼吸困难、脑缺血，甚至可能会造成静脉血液回流。

3）肩部包扎。

a.单肩包扎：先将三角巾折叠成燕尾式，燕尾夹角约90°，大片压住小片放于肩上，燕尾夹角对准侧颈部。燕尾底边两角包绕上臂上部并打结。最后拉紧两燕尾角，分别经伤患的胸部、背部至对侧腋下打结。

b.双肩包扎：先将三角巾折叠成燕尾式，燕尾夹角约120°。再将燕尾披在双肩上，燕尾夹角对准颈后正中部。最后让燕尾角过肩，由前往后包肩于腋下，与燕尾底边打结。

4）胸（背）部包扎。

a.单胸包扎：将三角巾沿顶角与底边中点对折，顶角系带环绕身体与底边中点打结，将两底角上拉盖住伤侧胸，绕至背后与顶角系带打结固定。

b.双胸包扎：折叠三角巾成燕尾状，将顶角系带围绕身体与底边中点打结，上翻两底角盖住胸部，在背后V字形打结固定。

5）腹部包扎（比基尼式）。先将三角巾底边向上，顶角向下盖住伤口，再将三角巾两底角围绕到伤患腰部后打结，最后将三角巾顶角系带由伤患两腿间拉向后面与两底角连接处打结。

6）臀部包扎。

a.单臀包扎：将三角巾折叠成燕尾状，顶角盖住伤臀，顶角系带围绕腰部在底边中点打结，两底角环绕大腿打结固定。

b.双臀包扎：将两条三角巾顶角打结，置于后腰中间稍上方，将两底角绕到腹前打结，另两底角分别从大腿内侧向前拉，在腹股沟部与三角巾底边打结固定。

7）膝（肘）部包扎。先将三角巾折叠成适当宽度的带状，再将三角巾中段斜放于伤患的伤口部位，两端向后缠绕，返回时，两端分别压于中段上下两边，最后将三角巾包绕肢体一周，打结固定。

8）手（足）部包扎。先将三角巾展开，手指（脚趾）对向三角巾的顶角，手掌（脚掌）平放在三角巾的中央，指缝（趾缝）间插入敷料，再将三角巾的顶角折回，盖于手（足）背，再将三角巾的两底角分别围绕到手（足）背进行交叉，最后将三角巾在伤患腕（踝）部围绕一圈后，在手腕（踝关节）打结固定。

（2）绷带包扎法。

1）环形法。环形法主要用于包扎肢体粗细均匀的部位，如手腕、小腿下部和额部等，也是其他包扎法的开始和结束。先张开绷带，把带头斜放在伤肢上并用拇指压住，将绷带绕肢体一圈后，再将带头的小角反折，然后环绕包扎3～5圈即可。

2）螺旋法。螺旋法主要用于包扎肢体粗细相差不大的部位，如上臂、大腿下部和手指等。先做2～3圈环形包扎，然后将绷带向上斜形缠绕。每圈都盖住前一圈的2/3，螺旋向上进行包扎，包扎过伤口后，再做2～3圈环形包扎进行固定。

3）螺旋反折法（人字法）。螺旋反折法主要用于包扎前臂、小腿、大腿等粗细相差较大且距离长的部位。先做2～3圈环形包扎，将绷带反折环绕并拉紧，每圈在同一部位进行反折，后一圈压住前一圈的2/3，包扎过伤口后，进行环形包扎进行固定。切忌反折处不要在创口或骨突上。

4）“8”字法。“8”字法主要用于包扎肘、膝、踝等屈曲部位。方法一，先在伤处做环形包扎后，将绷带斜着在关节上方和下方进行环绕，反复进行，每圈压住前一圈的2/3，最后做环形包扎进行固定；方法二，先在关节下方做几圈环形包扎后，将绷带由下而上，再由上而下地来回做“8”字形缠绕，使相交处逐渐靠拢关节，最后做环形包扎进行固定。

（3）特殊伤口的包扎。

1）伤口存在较大异物的包扎。先将两打敷料置于异物两侧，再用棉垫覆盖敷料及伤口周围，尽量使其挤靠住异物，使其无法活动，然后用绷带将其加压固定，如异物过长过大，影响抢救及转运，可由专业人员进行切割，要特别注意不要在急救现场拔出异物及调整异物方向。

2）腹部内脏脱出的包扎。协助伤患呈屈膝仰卧位，在脏器表面覆盖浸润生理盐水的纱垫，用碗、盆等器皿扣住脱出的内脏，再用宽胶布或三角巾腹部包扎方法固定，如急救现场无生理盐水纱垫，可用干净的塑料布或保鲜膜替代。禁止在急救现场还纳、触摸脱出的内脏，禁止给予伤患饮食和饮水。

3）开放性胸部损伤包扎。协助伤患半卧位，在伤患呼气末封闭伤口，可用无菌敷料加塑料薄膜及宽胶布封闭三边，外部垫上棉垫并进行加压包扎。

4）伴有肢体离断伤的伤口包扎。尽量避免应用止血带，为后期断肢再植创造条件，离断肢体保存禁止浸泡溶液，应在清洁、干燥及低温环境中保存。伤口采用填塞式加压包扎止血法进行处置。

第四章　电力施工人身事故应急管理方法

在电力施工过程中，由于主客观因素影响，难免出现人身事故，不仅造成施工人员直接或间接的人身伤害，也会导致施工方严重的经济损失。因此需要电力施工方为安全管理人员和施工人员制订完善的人身事故应急管理方法，尽可能避免事故的发生，或是在事故发生后的第一时间进行妥善的应急管理。

第一节　电力施工人身事故的预防

电力施工要把人身事故造成的损失降到最低，在事故发生之前，要尽可能做好周密的计划和预案，并进行充足的防灾演练。准备工作是否有效，取决于计划制订者对潜在危险的了解程度及相应的对策。

一、应急预案

(一)预案制订原则

1.坚持以人为本、健全机制的原则

切实履行政府的管理职能，把保障人员健康和生命财产安全作为首要任务，最大限度地减少灾难造成的伤亡和危害。要充分发挥人的主观能动性，充分依靠各级领导、专家和广大从业人员的基础作用，建立健全相关部门参加的组织机构，如各地区的应急分队，主要由武警、消防组成，动员从业人员参与应对突发事件的有效机制。

2.坚持预防为主、平战结合的原则

安全工作要做到常抓不懈，防患于未然。要坚持预防与应急相结合，常态与非常态相结合，做好应对突发事件的思想准备、预案准备、机制准备和工作准备。要重点建立信息报告体系、科学决策体系、防灾救灾和恢复重建体系。建立健全应急处置专业队伍，加强专业队伍和志愿者队伍的培训，做好对广大从业人员的宣传教育工作，定期进行演练、演习，提高从业人员自救、互救和应对灾难的综合素质。

3.坚持统一领导、分级负责的原则

在当地政府的统一领导下，建立健全各类管理、分类管理、分级负责、条块结合、属地管理为主的应急管理体制。

建立健全以事发地政府为主，有关部门和相关地区协调配合的行政领导责任制。

要充分发挥专业应急指挥机构的作用。根据突发事件的严重性、可控性，所需动用的资源，影响范围等因素，分级设置和启动应急预案，落实岗位责任制，明确责任人及其指挥权限。

4.坚持依靠科学、依法规范的原则

加强安全生产研究和技术开发，采用先进的检测、预测、预警、预防、应急处置技术及设施，充分发挥专家队伍和专业人员的作用，提高应对灾难的科技水平和指挥能力，避免发生次生灾难；依据有关法律和行政法规，加强应急管理，制订修订应急预案，维护从业人员的合法权益，使应对事故灾难事件的工作规范化、制度化、法制化。

5.坚持快速反应、协同应对的原则

加强以属地管理为主的应急处置队伍建设，建立联动协调制度，条块结合，整合资源，避免重复建设。明确不同类型事件应急处置的牵头部门及其职责和权限，明确各有关部门和单位的职责和权限，涉及关系全局、跨部门、跨地区、多领域的分项预案制度，修订部门要主动协调有关多方，形成合力。要充分发挥从业人员的力量和基层队伍的作用，依靠全社会力量，形成统一指挥、反应灵敏、功能齐全、协调有序、运转高效的应急管理机制。

（二）预案内容

1.公共部门的应急权力

在发生灾难和大规模灾难时，政府有权采取必要措施保护公众安全。这些措施应该尽量平衡个人权利、自由与公共福利。在发生重大灾难时，各地区有权对公民实行合理管控以保障国家和集体及公民的权益。

为使人民能够取得最大权益，应赋予各地区在灾难应急响应中的决策权，各地区政府应辩证地统筹个人权利和公共利益的关系，保证大多数人民群众的权益。

一旦宣布灾难或紧急情况，当地政府可以发布以下各种措施：强制执行安全和卫生守则；要求医护人员向政府机构报告某些疾病；戒严和宵禁；关闭学校和企业；建筑、社区和城市的疏散；禁止进入建筑物、街道、其他公共或私人区域；实施旅行限制；暂停出售或分发酒精饮料；暂停或限制出售燃料等易燃易爆品；授权购置或销毁财产、用品和物资；处置尸体；实施医疗协议和程序以限制疾病的传播（如强制接种）；发布隔离检疫指令；发布指南以公布治疗及防护信息；给予应急响应人员专业认证。

2.多部门灾难风险沟通

灾难应急响应需要各职能部门互相配合协作。国家和地方在灾难应急中的作用取决于各机构的协同工作能力。灾难管理中多部门协调涉及不同学科、不同管辖区以及各级政府部门，多部门协调是使各级政府和部门有效协同工作的过程。

在灾难中，各部门应使应急响应人员相互沟通、协作，避免重复劳动，确保受灾区域和救灾人员的安全，所有应急响应人员和机构应在进行响应之前充分了解自身的任务，并明确与其他部门沟通的方式。

可靠的信息通信系统是灾难风险沟通的重要组成部分，在灾难发生前、发生时和发生后可以传递及时、可靠的信息。灾难可能在人群中引起极大的恐惧和带来无法确定的附带伤亡，灾难应急响应部门应及时将适当信息和准确建议传递给卫生健康机构、媒体以及广大群众，这些信息有助于缓解公众的恐慌情绪，减轻由于恐惧造成的破坏，并且会增加公众的信任和信心，改善灾难社会心理状况。

然而有些信息公众应该知道却并不容易接受，特别是在公布不完善的信息时，如仍有人员死亡事件发生、灾难的风险和严重程度尚不明确，应酌情做出决定。

灾难中，信息通信系统可以通过电视、广播及网络等媒体渠道发布相关信息和指导建议，特别是存在疫情时，应急响应中心应收集所辖区域的相关信息，按照规定发送疫情数据，通过国家应急安全平台，实现内部信息共享并用于发布健康警报、预防指南、全国疾病监测和实验室报告。

3.快速需求评估

在灾难应急响应开始时的关键步骤是明确受灾人群当前需求

和卫生基础设施状况，即进行快速需求评估，这是客观获取受灾人群需求信息的有效方法。

快速需求评估小组成员应进行家访以获取需求信息。经过统计学测算，挑选出被受访者（大约200户），以此为样本精确评估需求，并将信息进行记录。地域信息系统在应对大规模的自然灾害和复杂的人道主义危机时起重要作用。快速需求评估小组也可以对灾难应急的基本内容做出有效评估，例如水、食物、收容所、电力、交通、医疗和其他物资需求。收集的数据可用来指导灾难应急响应过程，满足应急响应过程的需求。

在突发公共卫生事件发生时，对环境卫生的监测及评估能确保受灾人群和应急人员的健康和安全；在发生生物灾害时，主要目标是阻止疾病的传播，而非人员伤亡的识别与管理。

灾后环境卫生的工作内容包括环境监控，对暴露的食物、水、药品以及其他生活必需品进行有害物质检测，基础卫生设施，充足的安置所，带菌者管控（包括昆虫和动物），污染的环境的净化。

应协调环保部门、公共事业部门和卫生健康部门，以确保充足的饮用水、有效的排污系统和垃圾清洁处理，阻止污水、污染土壤和垃圾排向用于饮用和灌溉的水体。干净的水源用于饮用及个人卫生清理。受灾地区的卫生健康部门应计划额外的水源用于医疗设施和其他公共卫生活动。救援工作中降低发病率及死亡率的方法包括控制传染病和恢复良好的营养供给，食物和水以及安置所是受灾群众最迫切的需求。

废弃物管理是在灾难中应优先考虑的事情。卫生设施旨在减少排泄物对食物和水的污染，以控制疾病的传播。对受灾群众和紧急救援人员应提供充足的卫生设施。如果需要，应采取措施阻止或控制带菌者和昆虫、动物，并检测受损公共设施的危害。

突发公共卫生事件应急响应预案中应首先提高民众和相关机构对健康危机的认识，使全社会理解并能够配合应对大规模疫情所采取的措施。流行病防治预案工作主要涉及评估应对能力和资源供应的能力，传统的公共卫生措施、疫苗和药物是国家疫情控制的基础，必须注重药物和疫苗的生产和库存，从而能够支持应对疫情。疫情应急预案还应包括评估流行病医疗控制的可能措施，药物和疫苗的储备情况，应对药物和疫苗需求激增的应急机制，大规模预防的法律和责任问题，新型药物和疫苗的研究、开发和生产能力。

各省（区、市）及地区疫情应急预案中应包含对稀缺医疗资源的优先调配方案。为避免医疗机构负担过重，地区疫情应急预案需明确救治伤患的替代医疗场所的开设和其他相关内容，由于疫情发生后，多数医务人员将在医院治疗危重伤患，替代医疗场所需要大量志愿者的工作以维持运转，这时就要制订调动志愿者介入方案。

与此同时，应考虑盲目大量使用抗病毒药物可能会导致耐药菌株的出现和传播，从而影响药物的有效性。每个地区都应有按照国家标准建立的药物和疫苗分配计划。

突发公共卫生事件应急响应计划一般包括以下几方面：医院、诊所、疗养院、备用医疗设施和其他地方的抗病毒药物库存，暴露后预防的抗病毒药物库存，在暴露前和暴露后预防使用的抗病毒药物库存（建议医护人员、公共安全工作者和其他人使用）。

疫情暴发应急预案应具体、实用并进行实验和实地演习。地方卫生健康部门应经常检查疫情暴发应急预案，包括疾病监测、实验室检测和通信能力检测。预案应包括以下内容：在疫情流行期间，协调国内和国际明确、有效的风险交流，各级政府应及时传达翔实的信息；在疫情流行期间，应对私营部门和重要基础设施实体予以指导，并维持其基本服务与运营；指导民众应对疫情流行前的个人感染控制及流行期间的特定活动，如进行自我隔离防止传染他人。

各省应采取必要措施保护公众健康。这些措施尽量平衡个人权利、自由与公共福利的关系。在重大灾难或突发公共事件中，各级政府有权对公民实行合理控制以保障和促进国家和公民的利益。各级政府在灾难应急响应中应具有决策权，通过科学翔实的检测宣布各级紧急状态并限制社会活动，同时规范应急处置权、应急资金支出、应急预案启动以及某些法规的暂停使用。

二、应急安全教育

近些年来，面对着变幻莫测的自然环境和瞬息万变的社会环境，应该掌握哪些求生技能和相关知识才能保证我们的生命安全及财产安全，这一问题不断地提醒我们应急安全教育的重要性。

1.对应急响应人员的教育

应急响应人员是应急响应行动中最先介入的救援力量，应以保己救人为前提，在应急响应行动中综合分析、互相协作来应对复杂的现场情况。

（1）教育的意义。对应急响应人员来讲，教育是非常重要的，只有学习科学、标准化的应急响应方法和灾前管理范式，坚持“保己救人，科学施救”的行动准则，才能使自身更好地参与到应急响应行动中，才能够在突发事件发生时从容应对，尽最大的努力减少人员及财产的损失。

（2）教育的目的。应急响应人员必须参加相应的知识和技能训练，以增强其安全意识，实现安全救援。通过安全教育，增强应急响应各级指挥机构和广大应急响应人员的科学救援、安全救援意识，掌握安全救援的科学知识，增强自我防护能力，不断提高安全管理水平和安全救援操作水平。

（3）标准化教育的内容。灾难应急响应中的安全问题，包括个人防护装备、洗消和现场安全设施的使用；当医疗物资、人员、通信、运输受限时如何应变；当有限的资源不能满足全面治疗时，最大化生存受益的分配原则；在严峻的环境中，利用有限的资源提供有效的临床和公共卫生医疗策略，包括适应或改变技能、态度和行为，尽可能挽救生命；幸存者（包括残障人士，家人和朋友失踪、受伤或死亡等）的心理需求；知晓灾难响应中团队合作的重要性；发生突发重大事件需保持头脑清醒、冷静。

2.对民众的教育

民众作为应急响应行动中的被救助方，要做的不是消极地等待救援，而应是积极地进行自救、互救，尽可能提高自己的生存率。如何进行有效的逃生，如何进行有效的危险排除，这都需要民众接受专业的、科学的培训。

（1）教育的意义。在科学技术较为发达的今天，即使人们已经采取了较好的技术手段对灾难进行预防和控制，仍然无法避免灾难损害发生。所以应当对受灾群众进行灾前教育，教授他们降低和控制危险的手段，指明通往安全稳定环境的途径，减少不必要的群众损伤，从而起到减少和控制灾难损害的作用。通过灾前教育，人们也会逐渐提高安全素质，在面对新环境、新条件时，掌握一定的保证自身安全的能力和手段。

（2）教育的目的。生活中的危险无处不在，如何解决危机，不仅需要增强意识，也需要进行技能方面专业的训练。

总的来说，对民众进行灾前教育的目的就是增强民众预防灾难的意识和培养他们在灾难来临时的应对能力。

预防先于救援，增强意识至关重要，只有掌握了相关安全知识，才能进一步增强每一位民众的安全意识，做到居安思危。

（3）标准化教育的内容。灾前教育包括两部分：安全教育和安全培训。

安全教育实际上是要提高安全意识，保障民众生活，避免因缺乏安全意识而造成损害。安全教育的形式多种多样，针对不同的人群、场景设置不同的课程，一般包括学校内的教育、媒体宣传和政策导向。如各类院校会通过开展相关活动、开设有关课程、不定期举行各种演练等形式对学生进行安全意识的培养。通过这些形式的教育可以培养民众从安全角度观察和处理所面临的危机情况，增强安全意识。

安全培训主要是针对某些特殊领域进行的，特别是高危行业和直接面临危险的人群，当然安全培训也包括多方面、多学科，如医疗、野外生存等，这些统称为安全培训。学校和专业培训机构是最主要的教育途径之一。

三、应急安全演练

在应急预案编制完成后应进行应急预案的演练，在预案实施中也应该定期进行演练。应急预案的演练是检验、评价和保持应急能力的一个重要手段，其重要作用有：可在灾难真正发生前暴露预案和程序的缺陷，发现应急资源的不足（包括人力和设备等），协调各应急部门、机构、人员，增强公众应对突发重大事故救援的信心和应急意识，提高应急人员的熟练程度和技术水平，进一步明确各自的岗位与职责，提高各级预案之间的协调性，提高整体应急反应能力。

1.应急响应人员的演练

（1）演练的意义。通过演练，一是检验预案的实用性、可用性和可靠性；二是检验全体人员是否明确自己的职责和应急行动程序，检验应急响应队伍的协同反应水平和实战能力；三是提高人们避免事故、防止事故、抵御事故的能力，提高对事故的警惕性；四是取得经验以改进行动方案。演练分为室内演练（指挥所演练）和现场演练（实兵操演），包括单项演练、多项演练和综合演练。生产经营单位在进行演练时，应让熟悉设施的作业人员参加应急计划的演习和操练；与设施无关的人员，如高级应急官员、政府监察员，应作为观察员监督整个演练过程。每一次演练后，应核对该计划是否被全面执行，并发现不足和缺陷。事故应急救援预案应随着条件的变化而调整，以适应新条件的要求。

（2）演练的目的。

1）检验预案。通过开展应急演练，查找应急预案中存在的问题，进而完善应急预案，提高应急预案的实用性和可操作性。

2）完善准备。通过开展应急演练，检查对应突发事件所需应急队伍、物资、装备、技术等方面的准备情况，发现不足及时予以调整补充，做好应急准备工作。

3）锻炼队伍。通过开展应急演练，增强演练组织单位、参与单位和人员等对应急预案的熟悉程度，提高其应急处置能力。

4）磨合机制。通过开展应急演练，进一步明确相关单位和人员的职责任务，理顺工作关系，完善应急机制。

（3）标准化演练内容。灾难演习应设计成可以对事件进行指挥与控制、通信、后勤、实验室的协调及临床能力测试等的模式。这些演习可能只涉及一个组织内的指挥人员，并只重视规划与决策制订（指挥所演习）；可以使用桌面情景推演进行模拟演练；可能涉及实际操作培训或灾难演习与实战演练的评估。

演练的基本标准内容可以分为以下四种。

1）基础训练。基础训练是应急队伍的基本训练内容之一，是确保完成各种应急救援任务的基础。基础训练主要包括队列训练、体能训练、防护装备和通信设备的使用训练等内容。训练的目的是使应急人员具备良好的战斗意志和作风，熟练掌握个人防护装备的穿戴、通信设备的使用等。

2）专业训练。专业技术关系到应急队伍的实战水平，是顺利执行应急救援任务的关键，也是训练的重要内容，主要包括专业常识、堵源技术、抢运和洗消及现场急救等技术。通过专业训练可使救援队伍具备一定的救援专业技术，有效地发挥救援作用。

3）战术训练。战术训练是救援队伍综合训练的重要内容和各项专业技术的综合运用，是提高救援队伍实战能力的必要措施。战术训练可分为班（组）战术训练和分队战术训练。通过训练，可使各级指挥员和救援人员具备良好的组织指挥能力和实际应变能力。

4）自选科目训练。自选科目训练可根据各自的实际情况，选择性地开展防化、气象、侦检技术、综合演练等项目的训练，进一步提高救援队伍的救援水平。

在确定训练科目时，专职救援队伍应以社会性救援需要为目标确定训练科目；兼职救援队应以本单位救援需要，兼顾社会救援需要确定训练科目。

2.民众的防灾演练

自然灾害对人类造成的危害是巨大的。许多国家已从灾害中总结教训，并切实加强人群密集区域的安全措施。为减轻灾害对少年、儿童的影响，联合国有关机构鼓励各国在学校教育中增加防灾教育内容，使青少年通过学习，懂得如何在灾害来临前做好准备，如何进行灾害预警，如何应对灾难带来的威胁。

（1）演练的意义。增强应对突发事件风险意识。开展应急演练，通过模拟真实事件及应急处置过程能给参与者留下更加深刻的印象，从直观、感性上真正认识灾难，提高对突发事件风险源的警惕性，促使公众在没有发生突发事件时，增强应急意识，主动学习应急知识，掌握应急知识和处置技能，提高自救、互救能力，保障其生命财产安全。通过开展应急演练，普及应急知识，增强公众风险防范意识和自救互救等灾害应对能力。

检验应急预案效果的可操作性。通过应急演练，可以发现应急预案中存在的问题，在突发事件发生前暴露预案的缺点，验证预案在应对可能出现的各种意外情况方面所具备的适应性，找出预案需要进一步完善和修正的地方；可以检验预案的可行性以及应急反应的准备情况，验证应急预案的整体或关键性局部是否可以有效地付诸实施；可以检验应急工作机制是否完善，应急反应和应急救援能力是否提高，各部门之间的协调配合是否一致等。

增强突发事件应急反应能力。应急演练是检验、提高和评价民众应急能力的重要手段，通过接近真实的应急演练，可以提高民众应对突发事件的自救互救、逃生疏散和组织协调能力；可以帮助民众熟悉突发事件情景，提高应急熟练程度和生存技能，加强各社区、民众之间的交流沟通、协调合作；可以让公众学会在突发事件中保持头脑清醒，减少恐惧感，配合政府各部门和应急响应人员共同应对突发事件，从而有助于提高整个社会的应急反应能力。

（2）演练的内容。

1）自救互救。通过开展自救互救演练，掌握基本急救与生命支持技能，提高灾难中的生存率。

2）逃生疏散。通过开展逃生疏散演练，掌握灾难发生时的生存技能，熟悉疏散流程和疏散道路，提高生存率。

3）组织能力。通过开展组织能力演练，增强民众应灾组织能力，设置应灾组织结构，编制应急预案，提高民众或社区的应急处置能力。

第二节　电力施工人身事故应急救援系统

电力施工发生人身事故后，应在第一时间展开应急救援。这就需要建立起有效的指挥系统，进行现场应急指挥。

一、指挥系统

群灾难应急系统建设应在灾前进行，规范化地设置指挥调度中心和现场指挥部。指挥调度中心应依托各级政府在安全区域设立，现场指挥部设置在灾难应急现场，这样可以从不同层次对灾难进行把控。现场指挥部应部署消毒、院前急救、现场伤情确认等机构，同时应该采取措施尽量避免或减少受灾群众暴露在灾害环境下的时间。现场指挥部设置时应首先考虑是在受灾地域搭建收容区，还是疏散撤离到其他地区进行收容；其次，应该确定管理策略，包括对医疗卫生资源和药品的管理策略、收容区的安全策略，应严密考虑对所有人员的消毒（包括应急响应人员和灾民）、隔离区的设置、食物和水源的供应和安全。

1.指挥体系建设

指挥体系应包括标准化的指挥机构和指挥结构，指挥机构设置司令、应急响应力量动员、行动策划、物资装备管理、财务、信息管理、安全管理七个部门；指挥结构采用纵向指挥链和横向协调链，确保行动指令和信息的上传下达。

（1）指挥机构。

1）司令部门：负责所有指挥指令的决策与发布，所有应急响应行动指令必须由司令部门发出。

2）应急响应力量动员部门：接到司令部门指令后，对应急响应力量进行动员，号召登记注册的应急响应人员做好应灾准备，等待司令部门的指令。

3）行动策划部门：是司令部门的参谋机构。常时负责培训、演练方案的制订与实施，灾时负责对救援行动进行策划。

4）物资装备管理部门：常时负责物资装备的储存、检查、保养，灾时负责救援物资装备的出入库管理及救援现场的物资装备统筹和物资装备的下发和回收。

5）财务部门：负责常时、灾时的财务管理。

6）信息管理部门：信息管理部门分为指挥通信和信息发布两大部分。

指挥通信平时负责司令部门的通信保障和培训演练时的指挥通信。灾时负责司令部门与各指挥所之间的纵向指挥链、各指挥所之间的横向指挥链通信保障；各应急响应力量与上级指挥部门之间的通信保障；各级应急响应力量之间的通信保障；应急响应力量各小组之间的通信保障；应急响应力量个体之间的通信保障。

信息发布平时负责收集各种与灾害相关的信息，并为培训和演练做好相关信息发布，避免引起不必要的误会，兼有宣传工作。灾时负责灾区、一线与司令部门之间的信息传递，并负责灾区及救援情况的信息发布。

7）安全管理部门：安全管理部门主要职责是应急响应行动的安全评估和安全警戒。常时负责演练和演习的风险评估，为灾前计划提供安全咨询；灾时为行动策划部门制订行动计划，提供安全咨询，为应急响应现场提供安全评估。

（2）指挥结构。应急响应行动指挥结构为司令部门得到需应对灾难相关信息后，命令行动策划部门针对情况提供应急响应行动方案，同时命令应急响应力量动员部门进行人员准备。行动策划部门将应急响应行动方案上报司令部门，由司令部门进行决策。司令部门按照应急响应方案命令其他六部门开展工作，在灾难或灾难现场的安全区开设二级指挥所，二级指挥所视情况开设下级指挥所，应急响应人员按灾前预案令进入各自位置，并根据上级指挥所命令展开行动。

（3）指挥（通信、信息）链。指挥链包括纵向指挥链和横向协调链。纵向指挥链包括司令部门对其他六部门的指挥协调、司令部对二级指挥所的指挥、二级指挥所对下级指挥所的指挥、各级指挥所对应急响应各小组的指挥、各小组的内部指挥。

横向协调链包括六部门之间的协调链、各同级指挥所之间的协调链、各应急响应小组之间的协调链、应急响应人员间的协调链。

确保整个指挥链在灾难现场能安全有效地实施，并保证受灾区域的应急响应能够保持有效性。当发生灾难或紧急情况时，各级指挥机构的领导能通过这个中心对现实情况进行分析，制订应对和恢复方案，统一协调行动，分配资源。应确保各级的位置相对安全，使指挥员尽可能不被混乱的局面干扰，最大程度发挥指挥系统的作用。

2.后勤及支援

灾难发生后，除储备物资外还需要从各政府、民间机构协调物资与资金。灾难的性质、大小、影响规模以及现场情况都将影响物资和资金的分配，有效的灾难管理应建立在物资及时运达和合理分配上，若物资晚于需求时间段抵达，对于整个灾难应急响应是无效的。

后勤及支援是一个系统工作，从灾难发生时，灾难支持工作便同步开始，最早投入支持工作的是第一现场应急力量，最先开展的是生命支持，同时动用按照预案储备的资源，这些资源大多集中于医疗卫生器材、救援器械装备。国家调动的灾难支持包括人力和物资，根据灾情不同、条件不同，一般会在几小时或几天后才会逐步到位。

国家应设立战略储备部门专门为灾难支持提供紧急药品、医疗用品和设备，在遭遇灾难时可以向各地输送救灾资源。各省和地区应形成灾难互助网络，在一个地区发生灾难时，邻近地区的资源可以对受灾地区直接进行支援。各省和地区的灾难应急响应力量投入应急响应的时间应先于国家应急系统的调度。

国家灾难管理系统的支持功能是为快速调拨所需资源专门设计的。灾难管理应由政府统筹。一旦地市政府的资源用尽，当地政府应向省政府申请援助；当省级资源用尽，则向国家申请援助。国家灾难管理系统的支持功能至关重要，应建立专门的协调、组织框架来实现紧急支持功能。

国家灾难管理系统的支持和应对框架是针对发生大规模灾难时，国家、各省政府、各地市政府、各非政府组织、各社会组织之间的协调方案。由国家对应对框架下所属的政府和各级机构按照资源能力、实施能力、服务能力等进行归组。

当本市、本省的应对及恢复需求超出自身能力时，国家将动用应急储备提供群众照护、紧急援助、住宿、人力等方面的服务。

协调国家医疗服务，为各省和地区提供所需求的医疗卫生资源，以应对公共应急医疗需求。该支持一般包括公共健康服务、医疗服务、精神健康服务、死亡管理。

3.应急响应力量建设

（1）应急响应力量组成。“第一响应人员”是指灾难发生后，受过标准化培训并登记且第一时间能到达现场，具有快速组织、指挥协调、可进行生命支持的人员。我国应急力量组成一般为以下几种。

1）民兵。民兵在我国广泛存在于社会各组织，有各级人民武装部的常备民兵力量，建立在各大型企业的民兵力量，还有各自然村、行政地区的民兵力量。民兵一般由复转军人组成，接受过军事训练，有一定的服从性和纪律性，一旦发生灾情，民兵既是受灾者，又是第一现场马上可以动员并投入使用的应急响应力量。

2）志愿者。近年来，我国应急救援志愿者逐渐增多，志愿者组织形式主要为地区救援队。但是志愿者参与救援有时会产生其他问题，只怀有热心肠是不够的，还应有专业的应急救灾知识。所以，志愿者应参加专业应急救援培训，以应急响应人员的身份参与救援活动。

3）社会组织。社会组织在灾难应急响应方面的作用不可小视，社会组织一般具有某些方面的专业资源，某种程度上掌握着先进的灾难应急管理方法，可以协助政府进行灾难应急管理。依托社会组织进行灾难应急管理是一个社会发展的趋势。

（2）应急响应行动的动员和准备。应急响应力量动员是指灾难响应资源的激活与准备过程，是灾难中所有应急响应人员和装备、物资的调度。

应急响应人员不仅要掌握应对灾难的相关知识和技能，还必须掌握如何在常态和应急响应状态（尤其是长期处在恶劣环境的状态）下维持工作标准。在应急响应时，应急响应人员的个人休息娱乐时间变得不稳定，还会受到来自各方面的压力，包括保护自身安全、照顾伤患、处理罹难人员、考虑家人安危以及特殊的灾难现场环境等，如果应急响应人员不能自我调节、缓解压力，很容易降低工作标准。应急响应人员应提前预见环境的恶劣及资源的限制，同时考虑以下问题：休息时缺乏个人隐私和娱乐空间；住宿条件差；公共卫生设施差，如缺乏淋浴设备；通信不畅，移动电话和电脑可能不可用；可能无法接收信件或包裹；无法及时换洗衣物；无法进行个人宗教活动；需自备急救药物及用品；需携带充足的食物以应对长期驻扎；需携带个人防护装备，包括对灾区昆虫和动物的防护。

在常时，进行免疫接种、日常锻炼、健康膳食、充分休息以及友善交往等策略对应急响应人员维持响应水平是必不可少的，并且在应急响应时也会提供一定的身心保障。

应急响应人员在参加灾难响应前应妥善安排个人事务，包括处理工作、照顾家人、设置联系方式、教育、财务等事务。在职的应急响应人员应提前告知单位参与志愿工作的可能性，尽可能不影响正常的工作、薪酬等，在参加行动前应得到单位的许可，确保有其他人员接替其工作。对于家人与朋友，应急响应人员应当告知自己参与救灾期间的安排，如家人需要抚养或照顾，应提前妥善安排。灾难响应期间，每个应急响应人员需提供紧急联系人的联系方式并随身携带，同时告知单位、家人与朋友如何取得联系。

除此之外，应急响应人员还应准备以下与个人相关的法律文书：

1）个人健康委托书：当个人无法做出有关自身健康的决定时，允许另一成年人（配偶、亲属、好友）合法代表自己。

2）遗嘱：阐明关于在死亡后无法表达自己的意愿及决定时，希望受到的待遇、需处理的事宜及财产分配意愿。

3）金融委托书：委托他人代理其金融交易。权利的持续时间可为暂时（比如灾难响应期间）或永久。

二、现场指挥

应急指挥系统需要有一个或多个现场指挥中心进行主要应灾响应行动。如果有多个机构，则需要使用统一的指挥结构或区域指挥结构。对多数灾难现场而言，需由唯一指挥员指挥，专业人员构成，就共同目标开展工作。如应对大规模灾难则要求区域指挥结构，因为涉及多个区域和机构，各机构需分配各自责任以及协调分配可能不足的医疗资源。

现场指挥中心是应急指挥系统的各控制点，不同的地区有不同级别的指挥中心，在指挥灾难救援中承担不同的协调职责。在紧急事件发生时，现场指挥中心是为灾难提供信息和资源的协调中心，承担着灾难管理的责任，它确保了应急指挥系统在现场能安全有效地运转，并保证受灾区域在灾难发生时和发生后能得到有效处理。当发生灾难时，现场指挥中心为地区和组织机构的领导提供紧急指挥所，使分析应对和恢复方案、协调行动、分配资源更加方便。现场指挥中心的位置一般不设在灾难现场或附近，而是设在一个安全位置，使管理人员尽可能不被现场的混乱局面干扰。

三、应急救援行动编组

不管什么灾难，现场控制、伤情确认、消毒、院前急救等措施都应全力部署，同时实施保护措施避免公众暴露在现有或潜在危险中。在紧急情况发生初期，需要考虑的保护措施主要有：①疏散撤离，转移受灾或潜在受灾群众；②在原地搭建收容救护所；③进行药品管理、消毒（包括疏散人员、应急响应人员的消毒）、建立隔离区、隔离食物和水源。有些情况只需实施一种保护措施，而有些情况则需要实施多种保护措施。在任何一个灾难场景中，都要有一个指定的监督指导机构，也就是应急指挥系统，负责对灾难进行管理。该系统分为七个部门，司令、策划、后勤及装备、行动、财务、信息、安全。

应急响应人员对应分区分为六组，分别是白、绿、黄、红、灰、黑组人员，人员配置上，白、黄、红三组为主要力量，其他三组人员视情配置。白、黄、红三组人员进入灾难现场，其他三组人员在各自分区待命。

第三节　应急救援行动

应急救援行动应有序开展，首先是评估行动的风险，然后实施安全警戒，再对伤员进行分诊、治疗和转运，同时对现场人员疏散。

一、行动风险评估

很多灾难具有排险挑战性，如火灾、洪水、输气管道破裂、电线断裂、建筑倒塌、有毒化学物质和辐射的泄漏以及燃烧对呼吸系统产生的危害等，这些情况都可能造成更多的人员伤亡。应急响应人员必须对这些危害时刻保持警惕，并做出适当的防范来保护自己和受灾人员。否则，等到发现这些危险情况再做防范，将会导致更大的伤害和破坏。

1.风险评估

风险评估是制订有效救灾计划的前提，在评估过程中，由于各种灾难发生的高度不确定性，会遇到特定情况之外的事情，对风险可能性的预测会变得复杂，需要考虑众多的现实和潜在因素。这就需要将潜在危险发生的概率进行定量评估，并与各种可能发生的潜在危险统一进行全面评估。评估可以在不同空间进行，从某个地区到全球范围内都可以进行。

风险评估包括三个相互关联的环节：

（1）风险认知，熟悉灾难带来的直接风险。

（2）风险分析，对灾难发生区域进行不同的风险分析，确定易受损害的基础设施和易受伤害的人群，并分析风险会对应急响应行动产生的影响，制订应对方案。

（3）应对能力评估，根据风险分析的结果，判断目前所掌握的资源能否满足控制灾难的需求。

风险评估主要针对应急响应行动所面临的现存与潜在危险的集合，可减少灾难和公共安全突发事件的伤害，为调整有限资源的分配提出合理建议、辅助决策。

风险评估涉及的范围要足够广泛，以应对可能发生的紧急情况，灾难预案中应明确应对风险的资源调度方法，并在灾前计划中重点考虑。

另外，根据以往灾难经验教训，特殊人群，如慢性病患者、儿童、老年人和边远地区少数民族人群等在灾难中会面临更大的风险。这就需要在风险评估中应特别注意特殊病种、语言、文化所带来的不利因素。灾前计划虽然规定了针对所有人群在灾难中所受伤害和疾病的预防和控制方案，但灾难风险评估必须持续进行，不断确定灾难中的潜在风险，并根据现实情况制订科学、有效的应对方法，比如，在大规模灾难中如何使目前所掌握的资源能够发挥最大作用，如何获得资源来满足应对灾难风险的需要。

2.危险评估

危险评估对于保护受灾人群和应急响应人员不受二次伤害十分重要，无论是原发事件还是继发事件，进行危险评估都可明确并降低潜在继发事件的伤害。通过收集潜在的危险信息可大大减少灾难抢救过程中的危险因素，如恐怖事件发生后应评估爆炸性装置、结构坍塌、放射性装置等危险因素，并做出有针对性的处置办法。

下面以地震为例，列出了地震可引发的部分继发事件：建筑物与构筑物的破坏、桥梁坍塌、危险性物质泄露、火灾、水坝/防洪堤决堤、水污染、海啸、通信事故、山体滑坡和崩塌、瘟疫、放射性物质泄漏、计算机事故。根据所遇灾难的不同及检测要求的不同，危险的评定等级也不尽相同，同时还必须兼顾对灾难的现存危害和潜在危害进行持续评估。所有灾难，不论形成原因，都有可能引发次生灾害，并对包括救援人员在内的所有人员造成伤害。例如，汽车炸弹爆炸可能不仅仅造成一次爆炸伤害，炸弹爆炸可能会释放化学或放射性物质，现场可能还存在另外的爆炸物，并可能在紧急疏散人员或接触爆炸物时发生爆炸，爆炸可能对周围的建筑和设施造成额外破坏。很多灾难会造成非常棘手的次生灾害，从而导致额外伤亡，比如，建筑物倒塌，起火，煤气管道破裂，电线杆倒塌，潜在有毒化学物质、放射性物质泄漏以及爆炸产物造成的呼吸危害（如烟、一氧化碳、氰化物或粉尘等）等。因此，第一现场应急响应人员必须提前评估灾难现场环境，采取适当的预防措施保护自身和他人安全。

应急响应人员在进入任何灾难现场前，对多种潜在危害的评估至关重要。进入前尤其要对现场的危险物质进行评估，同时也应评估电、火灾害，次生爆炸物、受热或不稳定容器形成的易燃易爆物（如燃料存储器或燃气罐）；如果遇到通信中断，天气不利，出入口堵塞，紧急车辆、设备、供给毁坏，甚至无照明等情况，应急处理将会变得复杂。

二、安全和警戒

应急响应的宗旨就是拯救生命，同样也包括保护应急响应人员的生命，因为在救灾过程中他们的生命安全也受到了威胁。如果不能马上确定灾难发生的确切原因，或者怀疑有异常情况存在，应急响应人员应该采取预防措施或穿着个人防护装置来降低不确定的威胁。在灾难救援过程中，应急响应人员自身的人身安全是首先要考虑的问题；对伤亡人员的检伤分类、治疗、疏散是第二位的问题。如果事发现场过于危险，导致应急响应人员无法进入现场展开救援，应急响应人员要理智地分析现场情况，不要因迫切救人导致自己受伤或患病，最后成了新的伤患人员，从一个救助者变成了被救助者。

另外，还需要专门的安全人员在事发地带设置警戒线，防止伤者家属或是无关民众进入现场，同时阻止动机不明的媒体趁乱进入现场，以免影响救援行动。

三、后勤及人力支援

资源对于后勤来说是一个含义广泛的术语，代表着完成工作所需要获得的物质支持。就应灾而言，在发生大规模伤亡事件或严重灾难时，需要对大量的公共和私人机构提供的物力、财力进行部署，来支持有效响应、恢复、减灾的后勤保障。因此，需要在事前建立机构、体系及社区的灾难（伤亡事件）后勤保障计划，包括关键人员、供给、设施、交通工具及其他资源的获得和部署。

为了充分应对事故现场及安置大量伤员，必须进行需求评估（通过正式评估的工具或非正式的信息收集），首先进行当地资源评估，然后进行非当地（整个区域、国家、全球）应急响应能力的综合评估，尽快明确相关资源需求和目前可用资源情况，同时分析当地有关资源可用性与操作性，并及时通知有关部门以取得协助。可用资源包括各种有形资产、机构、经济资产，也包括取得特定资格认证的专业人员，对可用资源的评估工作应在灾难防备规划中就已完成。

灾难和严重伤亡事件发生后，需要从各个机构组织协调物资与资金。灾难的性质、大小、影响规模及现场情况都将影响现有物资和救灾资金的分配，因此，不同灾难需区别对待。救援支持往往在物资用尽后才考虑，导致救援物资过晚运达，最终可能对救援于事无补，所以有效的灾难响应建立在救灾资源及时运达的基础上。资源调配包含很多内容，从食品、饮水、生活用品到国家相关机构协调的大型设备。相邻地区之间在紧急事件中的相互物资支持非常重要，地区之间应建立相互救助协议，在一个地区需要支持时，邻近地区的物资可以运往受灾区域，提供援助。

资源调配一般是从当地政府开始的。一旦市级或县级政府的资源用尽，当地政府需向所在省申请援助。当省级资源用尽时，则向国家申请援助。国家设立一个专门快速调拨所需资源的部门，为灾区调拨紧急资源。

应对突发事件时，卫生健康部门需进行资源整合，以满足应急响应的需求，包括以下内容：

（1）协助决策层解决公共卫生健康安全问题。

（2）协助决策层决定公共卫生和临床应急响应最优选择。

（3）促进公共卫生机构和医疗机构积极应对，保证事件中公共卫生服务的高效性。

（4）事故管理经验丰富的管理者亲临现场进行公共卫生和临床指导。

在生物性灾难中，公共卫生和临床学科在事故管理中起领导作用。如果暴发恐怖事件或事件暴发程度超出当地的应对能力，地区或国家要采取响应行动。

在生物性灾难中，卫生健康部门起着至关重要的作用。卫生健康部门负责识别和治疗暴露人群（即可能曾与病原体接触但尚未出现体征或症状的人群），以防止疾病的传播。对于任何传染病疫情，卫生健康部门有责任制订以下策略防止或限制疾病的传播。发布暴露人群和感染者的治疗及管理指南，包括隔离和检疫措施的指南，同时合理分配医疗资源；如有需要，分发疫苗和药品；协调处理罹难者；进行监测、评估，保护群众健康和安全；召开新闻发布会，将目前情况告知群众，避免造成不必要的恐慌。

大规模人员伤亡事件、灾难需要各职能部门互相协作配合，积极抗灾应灾。事件管理中，多部门协调涉及不同科室、不同管辖区域以及各级政府部门，多部门协调是各级政府和部门共同努力、有效合作的前提。

在灾难中，各专业的救援人员应相互沟通、协作，避免重复劳动，保护受灾人员和响应人员的安全。所有应急响应人员和机构应在执行任务之前充分了解自己的任务，并知道如何与其他各部门沟通合作，尽可能救治更多的受灾人员。

四、分诊与治疗

灾难会造成大量的伤亡，应用检伤分类尽可能地提高救援效率，在现实条件下挽救更多的生命。通过前期分类确定伤情，将无须医疗介入的受灾者转移疏散，从而避免伤亡进一步扩大。将需要医疗介入的伤患通过评估进行区分，确定急救医疗资源的合理分配和转移，将更多的精力放在重伤员救治上，从而提高生存率。检伤分类可以将人力、物资进行最有效的调度和调配，通过连续的分诊治疗使伤情严重甚至生物受到威胁的受灾者能够得到及时的生命支持，直至被转移到专业的医疗环境，或者所有可用资源已用尽无法进行救治为止。

第一现场应急响应人员应学会应急急救检伤分类方法，并应用于救灾现场。应急急救检伤分类法一般分为两个步骤，整体区分和个体评估，在安全区设立无须治疗（白区）、轻伤（绿区）、延迟治疗（黄区）、急需治疗（红区）、姑息治疗（灰区）、死亡（黑区）六个区域。

1.整体区分

步骤一：应急响应人员对应分区分为六组，分别是白、绿、黄、红、灰、黑组人员，人员配置上白、黄、红三组为主要力量，其他三组人员视情配置。白、黄、红三组人员进入灾难现场，其他三组人员在各自分区待命。

步骤二：进入现场后，白组首先发出口令一，可大声呼喊“能行动的跟我走”，将能行动的人员全部带至白区。

步骤三：黄组下达口令二，可大声呼喊“请举起你的手或腿，让我看到你在哪里”，号召无法行动的伤患做出举手或腿等指令性动作，能够做出指令性动作的伤患说明有意识，目前或短时间内没有生命威胁。黄组队员协助这些伤患至黄区。

步骤四：红组队员负责剩余伤患。将有呼吸、心跳但无意识的伤患转移至红区，对无呼吸、无心跳的伤患马上在现场进行气管插管，经气管插管有呼吸的伤患也转移至红区进行下一步治疗。经气管插管无呼吸的成年人视为死亡，儿童再给予两组CPR后仍无呼吸，也视为死亡。原则上不移动灾难现场的死亡者遗体。

2.个体评估

通过整体区分，灾难现场除死亡者外，有生命体征者已经全部进入白、黄、红三个分区，具体情况如下。

白区：白组对白区内人员进行个体评估，如发现存在搏动性出血、气胸、中毒症状和突发失去意识的伤患，马上分流至红区；发现需要外伤包扎或骨折固定的人员，分流至黄区。

红区：红组对红区内人员进行个体评估，对有搏动性出血、气胸、中毒症状的伤患分别给予止血（止血带、填塞）、胸腔穿刺、注射解毒剂治疗。经治疗有效的伤患转移至黄区；本来无意识，之后苏醒且无明显生命威胁的伤患也转移至黄区。对有呼吸无意识但无法明确伤情、大出血无法控制、现有资源无法进行有效救治的伤患转入灰区。

黄区：黄组对黄区内人员进行个体评估，黄组人员主要进行外伤的包扎和骨折固定以及其他医疗介入。如遇伤情加重情况，如止血突然失效、气胸加重、解毒剂失效者应立即转移至红区。

绿区：绿区伤患来源为黄区经包扎固定后无生命危险或身体功能影响者，如遇伤情加重，视情转移至白、黄、红、黑等区。

灰区：灰区伤患主要来源于红区经治疗后仍无意识、搏动性出血无法控制、现有资源无法进行有效治疗的伤患。灰组人员主要对伤患进行人道主义关怀，但是如果现场资源满足需求，应马上将可救治的伤患转移至红区；如伤患已死亡则将遗体转移至黑区。

黑区：黑组人员主要负责收容安置其他各区死亡伤患的遗体。当全部伤患转运完成后，协助进行灾难现场的死亡取证，并将灾难现场的罹难者遗体收集到黑区，此时黑区功能转化为临时殓房，帮助相关部门处理死者后事，并注意保护罹难者隐私。

注意事项：

（1）灵活持续。应急急救检伤分类法是一个灵活且持续的过程，每一个区内的伤患的伤情都可能发生变化，所以分诊必须持续进行。比如，肝脏破裂内出血的伤员，在开始的20min内是无自觉症状的，一旦察觉便会濒临死亡，这就存在转区的问题，这名伤患可能最先归类于无需治疗（白区）或轻伤（绿区），但是一旦发现就要归为急需治疗（红区）。

（2）控制过激行为。如伤患存在过激行为，应先对其进行控制，如影响分诊治疗行动，可给其注射地西泮，确保其自身和他人安全及不会影响分诊治疗现场秩序。

（3）团聚原则。如遇伤患间存在伦理关系（亲子、夫妻、重要朋友等），应考虑使关系人团聚，一般按照关系人统一分配至需医疗介入多的区域，就是将伤情较轻者归入伤情较重者所在分区。

结束条件。分诊治疗直到所有伤患全部转运完毕。

五、转运与疏散

1.疏散预案

制订灾难应急预案时应充分考虑整个地区及个人的有效疏散计划，还应考虑到地区内的目标群体的各种需求。预案应包括以下几个内容。人数：常住人口和外来人口，其中包括弱势群体的数量，特需人群（慢性病、残疾、功能障碍者等）的数量；使用何种交通工具；明确安全的安置地点；安置点的供应、卫生防疫、医疗、安全。

灾情的不同会使疏散速度差别很大，在疏散计划中要尽可能把复杂情况考虑进去，如会不会产生二次伤亡，生活、医疗、卫生资源是否足够，如何应对公共秩序的破坏，如何在资源有限的情况下更多地挽救生命。

疏散可在灾难发生前或发生后进行。能够明确预测到的灾难，如强台风、战争，如时间允许，应尽可能将人员疏散并安置在安全区域，尽可能关注老年人、慢性病患者、残疾人和儿童。灾难发生后主要疏散的是伤亡人员和受灾人员，即将这些人员疏散至远离现场的特定安置区。疏散时必须明确疏散的出入路线，避免出入方向冲突，条件允许应开通空中疏散线路，天气、地形、局势和交通工具的种类数量都会直接影响到疏散速度。

另外，在大规模伤亡事件中，伤患大部分会自行前往医疗机构，这一情况会增加医疗资源分配的难度，需要加以引导。

大规模伤亡事件发生后，疏散人员的目的是给重灾区“减压”，确认重伤员并进行急救与生命支持，使搜救工作顺利进行。高效的疏散系统需要灾前统筹医疗资源和收容地点，这些资源在灾前就应该建立灾难储备。

有效的灾难疏散要明确目标人群、规划迁移路线和收容地点等要素，需进行疏散的人数、采取的疏散方式、疏散速度都需要提前做好筹划。疏散计划还应考虑到老人、儿童、慢性病患者、妊娠期妇女等特殊人群，安置场所要考虑适合大规模居住的要求，首选学校操场、体育场，一般不选择高层建筑物。如果是大规模灾难，医疗设施、医疗器材、长期护理场所都应在灾前进行筹备，做好资源存储，一旦发生灾难，能够及时发挥作用。另外，要建立离散人员信息库，帮助受灾离散人员灾后与亲人团聚，确认失踪人员。

如果灾难可预知，政府职能部门应按照预案设置发出疏散指令，有计划的疏散行动可提升现有资源分配的效率，从而最大限度地减少伤亡。但是大部分灾难是无法提前预知的，这就要注意事件的性质，是否存在潜在危险，如果是化学品泄漏、核事故等具有传播性、污染性的事件，就不能进行迁徙式疏散，应指导人们就地或本地避难。

疏散行动前应明确是否需要迁徙疏散还是就地避难，疏散方式，临时收容场所，疏散和安置的管理，信息的传达方式，灾区动物的管理等。

一般来说，医疗机构在疏散中应提供空间、医疗力量、医疗资源，并将本来在医院内就医的伤患向下一级医疗机构疏散，为即将痊愈的伤患办理出院，医疗标准在灾难应急响应时应采取逐层降低的方式，一切以维持伤患的生命和提高存活率为目的。

2.疏散力量管理

灾难发生时，资源小于需求，受灾人员的基本生活保障将受到严重威胁。因此，如何在灾难发生时最大限度地发挥医疗卫生设施的作用，并合理分配有限的资源就需要谨慎地思考，当灾区资源无法满足需要时，必须考虑异地资源，如何将异地资源整合到灾区也需要有详尽的计划，异地资源的储备、调度，灾区与异地之间的分流、疏散行动都需要在灾前制订详细的方案。

应对灾难时，地方应急力量的准备是最重要的。灾区的第一现场应急力量包括当地的消防人员、警察、民兵、预备役、医疗机构人员和志愿者。因此，必须注重这些人员的灾难响应能力培训，从而确保其在受灾的情况下能够形成第一现场的应急力量。但是如果灾难超出地方响应能力，应该及时寻求国家的帮助。

在国家层面应有完备的国家灾害应急系统，系统应该整合军队和地方的相关机构。应基于大数据系统建立国家级灾难应急响应调度平台，通过整合各地区的分平台实现全国范围的资源调动，从空间、人力、物资几个方面实现统一的调度，帮助地方和机构应对重大灾难。国家灾害应急系统可调动的人力资源包含的主体为受过系统培训的民兵和志愿者力量。

民兵：民兵由国防动员系统领导，是国家武装力量的重要组成部分，由大量退役军人组成，平时在各自工作岗位工作，在灾害时可通过国防动员部门和政府统一调度，在专业救援力量到达前发挥重要的第一现场的应急功能。

志愿者：志愿者由社会上有着共同精神追求的人士自愿参与组成，经过专业训练的志愿者具有很强的主观能动性，虽然志愿者愿意奉献时间和提供专业知识来防范和应对紧急事件，但是志愿者存在盲目性，如果不经管理和统一调度，在一定程度上会对整个应急响应过程产生掣肘，对于志愿者的培训和管理是灾难应急响应的重要问题。

3.疏散所面临的挑战

（1）特需人群的疏散挑战。由于灾情的不同，疏散时会面临很多挑战，比如，高层建筑中，无机动能力或机动能力差的人在电梯等设备无法运行时需要别人的帮助才能进行疏散；盲人和视力功能不全者在疏散行动中可能无法使用日常的导向方式；聋哑人在疏散过程中可能无法接受指令性信息，也无法与他人沟通。对于残疾人和身体功能障碍者的疏散无疑是灾难疏散过程中的一项巨大挑战。在制订疏散计划时，必须考虑残疾人和身体功能障碍者的疏散方式，确保这些具有移动、视觉、听觉或认知障碍、心理疾病或其他残疾的弱势群体能够安全地自行疏散或由他人帮助疏散。

（2）应急疏散的心理问题。大规模灾难来临时，需要整个灾区的地区性疏散，疏散不仅会带来现实的安全隐患还会带来很多精神、心理创伤，受灾民众要离开自己的家园、工作、财产甚至亲人，对于刚刚经历灾难的人员来说无疑是雪上加霜，容易滋生心理问题，这些心理问题可能通过暴力、药物依赖、厌世等情绪来发泄，所以在疏散过程中应调度力量专门负责处理心理问题，以免造成其他严重后果。

（3）应急疏散时的治安问题。灾难发生后，社会秩序遭到破坏，受灾群众的心理会产生问题，从而会产生一系列治安问题，特别是在应急疏散和收容时，一定要注意刑事犯罪和对妇女、儿童等特殊群体的保护，调拨专门力量维持疏散和收容过程的秩序，保证整个疏散期间的安全。

第四节　恢复与重建

灾难重建是整个灾难管理中时间跨度最长、空间跨度最广的工作。灾难重建工作包括止损、减损，基本生存条件重建，社会秩序重建，基础设施重建。另外，受灾群众身心健康恢复贯穿整个灾难重建工作始终。

一、生产秩序和功能的重建

社会秩序和功能的重建是整个灾难重建工作中至关重要的一步，稳定有序的社会秩序可以引领基础设施的重建，还能为个人身心健康恢复提供保障。社会秩序和功能重建可分为行政职能、制度保障机构、社会行为、市场供给四方面的重建，其中完备的市场供给是社会秩序重建基本完成的重要标志。

1.行政功能

行政职能的恢复主要从专业应急响应力量介入时开始直至行政部门职能完全恢复，以达到安全区内国家命令、政府指令下达通畅，部门间沟通顺畅。主要通过建立指挥中心，制定灾区法规，恢复灾区通信来间接完成。第一现场应急响应人员应急响应期间也会临时制定各种条例，这些条例起到优化应急响应行动，发挥更大救援效益的作用。在专业应急响应力量介入后，认为可行的，可继续实施；有疑问的，修改或废除。

2.制度保障机构

（1）政府机关。政府机关在灾难应急阶段是以处于安全区的临时指挥中心发布指令。随着安全区的扩大与危险区的缩小，原政府机关场所也将被重启、修复；判定为不可使用的，需另地重建。

（2）强力机关。强力机关是保证社会秩序的行政部门，起到稳定社会环境的重要作用。政府强力机关管理范围应涵盖所有居民，并行使其安全、警卫和惩戒职能。所以强力机关的重建就是要在灾区建立完善的警务模式，维护社会治安和规范灾区群众社会行为。

（3）司法机关。司法机关包括法院、检察院，是进行司法工作的主要场所，灾难发生后，特别是社会秩序与功能丧失时期，会滋生个人蓄意犯罪及由灾难效应（受到刺激或意图取得更多的资源）引发的犯罪行为，法院、检察院的重建为社会秩序和功能的恢复提供法律保障。法院、检察院的重建创造了灾区制裁违法犯罪的条件，使审判制度得以在灾区完善。

3.社会行为

社会行为是指灾区内符合国家法律法规、灾区条例与社会道德的行为。社会行为重建开始于灾民自救互救时期，并随着灾难重建工作的进行不断完善。所有人员，包括受灾群众、应急响应人员、政府机关工作人员的行为都应不违反社会行为，行为不符合的，由有权部门进行批评、教育、监视，必要情况下实施限制。在灾难应急响应时期，灾区条例的制定和社会行为的监督是由第一现场应急响应人员来进行的，目的是提高应急响应行动效率和生命支持效果以及更加合理地分配有限的灾区资源。

4.市场供给

市场供给重建在灾难重建工作的后期进行，如道路交通等基础设施得以初步恢复，大部分受灾群众得以安置时，市场供给应开始逐渐恢复。

随着灾难重建工作的进行，灾区内经济体应逐渐恢复生产和经济活动，政府应对各灾区内企业单位加以政策扶持，创造工作岗位，并对灾区社会和市场经济加以把控，尽量减少外部市场对灾区经济结构的冲击。

二、基础设施的重建

基础设施重建是灾难重建工作的基础，为社会秩序的重建提供了框架，为家庭、个人的生活需求提供了保障。基础设施重建主要包括公共资源设施、生产基础设施的恢复。

公共资源设施是灾区群众进行社会活动使用的公有设施，具有公共性、服务性、系统性。公共设施的重建是基础设施重建的直观表现，也是整个灾难重建的核心目标。公共资源有很多方面，在此我们只讨论与救灾最相关的住房、供水、供电、卫生系统、交通以及通信系统的重建。

1.住所重建

灾区住所形式有简易住所、临时住所（收容区、庇护所等）、替代医疗设施、再建房。住所的重建从受灾群众自救互救时期持续到基本恢复，到灾前状态时刻，在安全区内进行。

受灾群众自救互救阶段住所形式为简易住所，具有自发性，为受灾群众自行寻找的临时落脚点，并不能满足需求，属于灾区住所最初级形式。

应急响应力量及专业力量介入时期住所形式为临时住所（收容区、庇护所等）与替代医疗设施并行。临时住所（收容区、庇护所等）可以满足受灾群众在灾难重建初期的需求；替代医疗设施由应急响应人员和专业救援人员建立，可为受灾群众提供医疗条件及相应的医疗救助环境。随着灾难重建工作的深入，发展临时住所和替代医疗设施的条件会逐步得到改善。临时住所和替代医疗设施在灾难重建前期是主要居住和医疗服务形式，当基础设施建设基本完善后，才能将临时住所的受灾群众迁出。

2.供水、供电重建

水是维持人类生命的必要元素，电是维持现代化设备正常使用的必要元素。在灾区，供水应是首要考虑问题。供水、供电围绕灾区人员展开，其主要集中在安全区，小部分因急救处理分布在缓冲区及危险区的供电应依靠自备电源。

（1）供水重建分为三个阶段：灾区内耗阶段、间接供水阶段、直接供水阶段。

第一阶段为灾区内耗阶段，一般处在受灾群众自救互救及第一反应时期。此时灾区内用水凭借地区封装水及地区应急供水来维持。切勿直接使用暴露在灾难中的水源，因为这些水源可能存在污染或病原体，尤其在生物性污染、化学性污染、核事件中更为重要，暴露的水源可能成为灾后疫情的发源地，所有暴露水源必须经专门检测安全后才可饮用，并应完全煮沸。

第二阶段为间接供水阶段，一般处在专业救援力量介入时期。此时灾区内可用水资源可能已枯竭，需要专业救援力量携带临时可饮用水（封装水、储水车形式）进入。当临时住所和替代医疗机构开始建立时，应首先对供水系统评估，及时处理被污染水源，必要时可引入外界安全水资源。

第三阶段为直接供水阶段，处在基础设施基本恢复时期。直接供水指灾区内水循环系统已建立，此时可逐渐减少外界供水，直至灾区内水资源满足灾区需求。

（2）供电重建分为两个阶段：应急用电阶段和通电阶段。

第一阶段为应急用电阶段，处于受灾群众自救互救及应急响应力量进行生命支持时期。当灾难使供电设施无法满足电力需求时，供电即进入应急用电阶段。此时电力供应来源为发电设施供电和备用电源供电。在此阶段，应当保护现有供电网络，当发电设施完全停止供电，只能依靠备用电力时，应调整收容结构，将尽可能多的人集中到庇护所、收容区等拥有备用电力的设施，保证受灾群众的救治、社会沟通，避免由于电力缺失造成的恐慌。应急响应人员需整理断电情况，以便重建时更快地修复。

第二阶段为通电阶段，一般在基础设施得到一定重建后进行。当专业修复力量介入时，应与应急响应人员交接，了解灾区电力情况，首先恢复临时住所、替代医疗机构的区域电力，再逐步恢复其他部分。

3.卫生系统重建

卫生系统重建在各个阶段均有涉及，包括现场急救、替代医疗设施、医院及其他专业医疗设施，主要处在安全区，应急救援时分布在危险区、缓冲区。

现场急救始于受灾群众自救互救直至所有伤患转运至专业医疗机构，主要是由受过灾难急救技能培训的应急响应人员实施，旨在对伤员进行分诊及生命支持。替代医疗设施作为临时住所的组成部分直至受灾群众迁出为止，其目的是对伤患进行进一步治疗并对灾区疫情进行控制。医疗卫生机构重建处于专业力量介入及基础设施基本重建完善后，目的在于对灾区提供全面医疗卫生服务。

4.交通重建

交通重建包括物资通道恢复及市政交通恢复。道路清障是对灾区内阻碍正常交通的坠落物、坍塌物、废弃物、堰塞湖等进行清除。在应急响应时期，可对妨碍救援的坍塌障碍物进行清除，后期大型机械进入后，可以对较大型障碍进行清除。该阶段的首要任务是保证外界资源进入，以满足灾区对资源的需求。清障工作应避免受到次生灾害的伤害，不可对具有危险性的障碍物施工，在专业施工力量到来前应当进行隔离。

灾区与外界交通隔绝的，在专业救援力量集中介入前，第一现场应急响应力量应视情进行物资通道的初步打通；灾区与外界交通无阻的，应对现有通道进行保护，运输灾区需求物资。专业救援力量介入后，与应急响应人员合力进行灾区内清障及道路重建。

公路及市政交通的初步恢复在专业救援力量介入时期开始直至基础设施重建完善为止，前期主要是通过道路清障及临时道路搭建，后期为市政道路重建。

5.通信系统重建

通信系统重建是指灾区内部和灾区与外界的通信系统恢复，随灾区供电重建及交通重建的进行而逐渐完成。通信的恢复意味着受灾群众与外界沟通的恢复，对安抚受灾群众情绪有着重大作用。

最初的通信系统恢复被用来保持机构间沟通及满足公共知情权，尤其是伤患转运过程中的信息追踪传递和对外界的灾情通告。随着基础设施重建的逐渐完善，受灾群众个体与外界的通信逐步恢复，直至能够保障公共和个人通信需求。

三、人员心理健康恢复

受灾群众身心健康恢复是重建工作的重点，家庭重建则伴随基础设施及社会秩序和功能的重建。个人与家庭的重建将贯穿整个重建过程，是所有重建工作的重要内容。受灾群众身心健康的恢复和家庭的重建是随着其他重建工作不断进行和满足的。

在灾难损害发生后，个人与家庭直接或间接暴露在灾难之中，此时只能依靠自身及附近人群（一般为家人）的应急急救技能来躲避或减轻灾难带来的损害，并等待救援。个人身心健康恢复和家庭重建包括以下几个步骤：

第一步是自救与互救，主要体现在逃生和争取生存，但灾难对个人身体和心理的影响是不可避免的，造成障碍后影响也是深远的。

第二步是应急响应力量介入，应急响应人员应用自身掌握的应急急救技能对伤患进行生命支持，力争挽救受灾群众的生命。

第三步是专业救援力量介入，专业救援力量依靠其掌握的资源，接手应急响应人员的工作，为伤患提供相对专业的医疗救治，对受灾群众进行收容与安置。

第四步为身体伤情的恢复，随着医疗资源的逐渐完善，伤情逐渐恢复。

第五步为家庭的重建，随着社会秩序、社会功能和基础设施的重建，通过失踪人口登记等方式进行家庭重建。受灾群众心理健康恢复是一个相对复杂的过程，无法用时间来界定。

参考文献

[1]《电力工程施工现场管理快速培训教材》编委会.电力工程施工现场管理快速培训教材[M].北京：北京理工大学出版社，2009.

[2] 黄华英.电力工程施工安全管理[M].北京：中国水利水电出版社，2005.

[3] 李宗廷，王佩龙，赵光庭，等. 电力电缆施工手册[M].北京：中国电力出版社，2001.

[4] ADGER W N, HUGHES T P, FOLKE C, et al. Social-ecological resilience to coastal disasters[J]. Science, 2005, 309(5737):1036–1039.

[5] AHARONSON-DANIEL L, WAISMAN Y, DANNON Y L, et al. Epidemiology of terror-related versus non-terror-related traumatic injury in children[J]. Pediatrics, 2003, 112(4): e280–e284.

[6] ALTEVOGT B M, STROUD C, NADIG L, et al. Medical surge capacity:workshop summary[M]. Washington D.C.: The National Academies Press, 2010.

[7] ALLEN G, PARRILLO S, WILL J, et al. Principles of disaster planning for the pediatric population[J]. Prehospital and disaster medicine, 2007, 22（6）:537–540.

[8] ARRIETA M I, FOREMAN R D, CROOK E D, et al.Providing continuity of care for chronic diseases in the aftermath of Katrina:from field experience to policy recommendations[J]. Disaster med public health prep, 2009, 3(3):174–182.

[9] BAYER R, FAIRCHILD-CARRINO A. AIDS and the limits of control:public health orders, quarantine, and recalcitrant behavior[J]. American journal of public health, 1993, 83(10): 1471–1476.

[10] BARBERA J A, MACINTYRE A G.Medical surge capacity and capability:a management system for integrating medical and health resources during large-scale emergencies[M]. Washington D.C.: U.S. Department of Health and Human Services, 2007.

[11] BARBERA J A, MACINTYRE A G. Medical surge capacity and capability:the healthcare coalition in emergency response and recovery[M]. Washington D.C.: U.S. Department of Health and Human Services, 2009.

[12] BARILLO D J, WOLF S. Planning for burn disasters:lessons learned from one hundred years of history[J]. Journal of burn care & research, 2006, 27(5):622–634.

[13] BEEKLEY A C, SEBESTA J A,BLACKBOURNE L H, et

al. Prehospital tourniquet use in Operation Iraqi Freedom:effect on hemorrhage control and outcomes[J]. The Journal of trauma, 2008, 64:S28–S37.